AF497606

Viaje**al**Centro**dela**Ciencia

Colección dirigida por Juan Tonda
Diseño de la colección: Miguel Marín
Diseño de portada: Miguel Marín
Corrección: Adriana López
Formación: Gina Coria
Ilustraciones interiores: Gina Coria
Fotos: Instituto de Energías Renovables de la UNAM
Cuidado de la edición: Juan Tonda

Primera edición, 2013
Primera reimpresión, 2021

D.R. © 2013, ADN Editores, S.A. de C.V.
Estrella del Sur 150, Col. Rancho Tetela
62160 Cuernavaca, Morelos, MÉXICO
juantonda54@gmail.com
Tel. (55) 5554006326

La primera edición se coeditó con el apoyo de la Dirección de Publicaciones del Consejo Nacional para la Cultura y las Artes.

ISBN: 978-607-7507-26-0

Agradecemos el apoyo de la Academia de Ciencias de Morelos, A.C..

La casa dorada

Fuentes renovables de energía

Antonio del Río, Irene Marincic
y Julia Tagüeña

ADN

Índice

Antes de empezar

Todos hemos experimentado en un día frío la sensación de calidez junto a una ventana que permite el paso de los rayos del Sol, y en un día caluroso hemos disfrutado de la brisa fresca o de alguna sombra oportuna que impide ese paso. No obstante, estos recursos intuitivos y lógicos del ser humano para la climatización natural son insuficientes. Necesitamos entonces recurrir a la calefacción o al aire acondicionado, instalaciones que requieren de inversión y gastos continuos para su funcionamiento y mantenimiento que, bajo las condiciones actuales, contribuyen a contaminar el planeta.

Seguramente hemos oído hablar del uso de la energía solar para calentarnos, o bien de la generación de electricidad, y de ahí nuestro interés por saber cómo funcionan esos dispositivos. El Sol nos llega tan libremente que nos preguntamos si realmente podríamos servirnos de él y ahorrar de este modo energía y dinero. Es una idea tan simple que no parece posible. Hoy en día se habla del biodísel y del etanol como combustibles para los automóviles, de su costo o de su beneficio para el ambiente. Lo más importante es conocer cómo funcionan para determinar sus ventajas y seleccionar opciones, pero ¿cómo saber cuál de ellas es la más adecuada para cada caso? Hoy se piensa que una combinación de soluciones es la mejor opción.

En este libro abordamos los principios científicos que explican el funcionamiento de aparatos que aprovechan las fuentes renovables de energía y presentamos estrategias de ahorro en nuestras casas. Sin embargo, su enfoque no son los aspectos técnicos por sí solos sino cómo las personas, o una ciudad entera, pueden beneficiarse de estos sistemas. Con esta información estaremos mejor preparados para seleccionar un calentador solar o un panel fotovoltaico; sabremos cómo se transforman los aceites de desecho en biodísel, y las características arquitectónicas que debe tener una casa para lograr un mayor confort térmico sin desperdiciar energía, por ejemplo. Si bien estos sistemas y estrategias requieren de cierta inversión, la idea es tener opciones que nos ayuden a optimizar los gastos, ahorrar energía y habitar una casa más confortable. Debe quedar claro que es imposible no gastar y no contaminar: el simple hecho de estar vivos implica producir desechos; por lo tanto, habrá que minimizar esos gastos, así como los desechos que se generen, y buscar cómo reciclar y aprovechar lo que ya no nos sirve.

Con el título *La casa dorada* queremos amalgamar varias ideas y apelar a diversas interpretaciones sobre la búsqueda de un lugar idílico con atributos deseables tanto para nosotros, sus habitantes, como para el entorno que nos rodea. El adjetivo "dorado" sugiere esplendor y felicidad. Proponemos la idea de una casa sustentable, la casa ideal a la que aspiramos para vivir mejor y por supuesto evocamos al astro dorado por excelencia: el Sol.

Aunque el concepto sustentabilidad ya es de uso común y aceptado socialmente, lo discutiremos aquí en el contexto de *La casa dorada*.

En los albores del siglo XXI estamos viviendo un momento de reflexión, comprendemos los procesos naturales que sustentan la vida en la Tierra y en consecuencia podemos conocer las causas que han provocado el desajuste de esos procesos, que implican a su vez cambios sustanciales en el futuro de la vida en el planeta. Sabemos que, como especie, tenemos la capacidad de modificar el entorno para hacerlo más cómodo; sin embargo, nuestras acciones generan desequilibrios naturales, sociales y económicos extraordinariamente rápidos que impedirán que el actual modo de vida de la humanidad prevalezca por muchas generaciones. Además, no hay todavía un reparto equitativo de los recursos naturales; el más claro ejemplo es que las generaciones de la segunda mitad del siglo XX y principios del XXI están marcadas por el uso indiscriminado del petróleo, recurso no renovable, y que las generaciones del siglo XXII ya no podrán hacer uso de él. En un primer análisis parece ser que los intereses económicos, sociales y ambientales están encontrados y que no podemos concertarlos.

Mientras el ambiente nos indica que el uso de los combustibles fósiles, petróleo y gas, contaminan y provocan el cambio climático, la economía demanda más energía para seguir produciendo y la sociedad demanda más empleo e información, por lo tanto energía. El punto de vista simplista y parcial de problemáticas similares a la energética nos conduce a pensar que no hay alternativa y que la civilización actual decaerá y desaparecerá como ya ha sucedido con otras civilizaciones de la antigüedad. La postura optimista de los autores de este libro considera que una visión integral —cuyo primer ingrediente sea la información— provocará una participación activa y democrática de todos nosotros para comprender el intrincado problema de la sustentabilidad del planeta. La propuesta de un desarrollo sustentable, entendido como el desarrollo que promueve la equidad entre los aspectos ambientales, económicos y sociales, tanto en las generaciones actuales como en las futuras, implica una comprensión de esta problemática desde la perspectiva de los sistemas complejos. Los sistemas complejos son aquellos que presentan comportamientos que no pueden determinarse sólo por los elementos que los componen y en los cuales las interacciones entre los elementos son más importantes que los elementos mismos. Una visión de este tipo implica poseer información de calidad, y la difusión de esta información es la principal motivación por la cual hemos escrito este libro.

La casa dorada es el resultado de esta propuesta sustentable; es decir, la casa que permitirá un mayor confort a sus habitantes. Sus soluciones tecnológicas serán coherentes con el clima y la región, causará el menor impacto posible al entorno y demandará durante su vida útil menos recursos energéticos y materiales para su funcionamiento, mantenimiento y reciclado al final del ciclo. De esta manera se conjugarán y equilibrarán los tres aspectos de la sustentabilidad. La casa dorada es una casa soñada, pero a la que se debería tender para provocar en conjunto un cambio positivo en el futuro del planeta.

La energía en contexto

La energía del Sol y el Sistema Tierra

En todas las mitologías el Sol ha desempeñado un papel fundamental. Entre los egipcios —hace más de cuatro mil años— el dios Sol, Ra, era llevado en una barca desde el amanecer en el este hasta el anochecer en el oeste, calentaba el Nilo y era considerado el dios creador. Pronto, la observación del cielo adquirió un carácter científico y los pobladores de esas tierras diseñaron un calendario basado en el movimiento del Sol para poder predecir la inundación del río, fenómeno del que dependían sus cosechas. Los astrónomos egipcios notaron que justamente antes de que se desbordara el Nilo aparecía la estrella Sirio en el horizonte, antes del amanecer. Con estos estudios añadieron unos meses al calendario lunar y establecieron el año de 365 días, muy semejante al que usamos hoy. Este primer calendario solar se creó unos 2,800 años a. C. Los aztecas también estaban asombrados con el Sol, al que llamaron Tonatiuh. Tenían un calendario solar —que incluía los años bisiestos— cuando llegó Colón a América, en 1492. Muchas de las construcciones aztecas están alineadas con el astro.

La historia del conocimiento del Universo es apasionante y está basada en la luz, la energía que las estrellas, al igual que el Sol, radian al espacio. Esta radiación, que hoy sabemos es electromagnética, no necesita de un medio físico para transmitirse y viaja por el espacio vacío. Para detectar la luz nos bastan nuestros ojos. La luz que vemos como blanca se divide en el espectro de colores y conforma lo que conocemos como espectro de luz visible. El espectro visible es un pequeño pedazo del llamado espectro electromagnético. La radiación de menor longitud de onda (distancia entre dos puntos equivalentes de la onda, como dos crestas o dos valles) y mayor energía son los rayos gama. La radiación que le sigue en energía son los rayos X. Ambas radiaciones podrían dañar las células, pero en pequeñas dosis son muy útiles en la medicina. Después de los rayos X sigue la luz ultravioleta, pegada al color violeta de la luz visible. En el otro extremo del espectro visible está el infrarrojo, la energía calorífica, cuya longitud de onda es mayor que la luz visible. Le siguen radiaciones de menor energía como las ondas de radio. En la figura 1 se muestra el espectro electromagnético. Cada una de las radiaciones define una ventana para estudiar el Universo, y la llegada de la energía luminosa y calorífica permite que haya vida en nuestro planeta.

La vida en la Tierra existe gracias a la radiación solar: proporciona la temperatura adecuada para que ésta se dé, hace que se muevan los vientos, permite el ciclo del agua, da energía a las plantas y nos evita una noche eterna. Uno de los sueños de la humanidad es encontrar vida en otro planeta del Universo. Muchos libros de ciencia ficción han explotado este sueño y muchas personas han tratado de asociar lo "desconocido" a seres extraterrestres. Sin embargo, aunque en algún lugar pueda existir, no hemos logrado encontrar un sistema planetario que reúna las condiciones energéticas que permitan la vida como la conocemos, ni hemos tenido visitas comprobadas de extraterrestres.

La energía solar es la radiación electromagnética que se recibe en la Tierra desde el Sol. El Sol es la estrella del sistema planetario donde se localiza la Tierra; por lo tanto, es la más cercana y el astro con mayor brillo. Su presencia o su ausencia en el cielo visible determinan, respectivamente, el día y la noche. El Sol se formó hace unos 4,500 millones de años a partir de nubes de gas y polvo que contenían residuos de generaciones anteriores de

Figura 1. El espectro electromagnético.

Radiación	Frecuencia (hertz) ν	Longitud de onda (metros) λ	Energía (electrón-volts) E	
Rayos gamma	10^{22} 10^{21}	10^{-13}	10^8 10^7	
Rayo X	10^{18}	$10^{-10}\ 1A^0$ $10^{-9}\ 1mm$	$10^6 = 1MeV$ 10^5 10^4	
Ultravioleta	10^{15}		$10^3 = 1\,kev$ 10^2	
Visible			$1\,ev$	
Infrarrojo	10^{12}	$10^{-3} = 1mm$	10^{-1} 10^{-2} 10^{-3}	1THz (terahertz)
Microondas		$10^{-2} = 1cm$	10^{-4} 10^{-5}	1GHz (gigahertz)
Radar VHF (frecuencia ultra alta) VHF (Tv) FM (frecuencia muy alta) Transmisión de radio **Radiofrecuencia**	10^6 10^3 10^0	$10^0 = 1m$ $10^{-3} = 1km$ $10^6 = 1Mm$	10^{-6} 10^{-7} 10^{-8} 10^{-9} 10^{-10} 10^{-11} 10^{-12} 10^{-13} 10^{-14} 10^{-15}	1MHz (mega-hertz) 1kHz (kilohertz) 1Hz

estrellas. En su interior se producen reacciones de fusión en las que los átomos de hidrógeno se transforman en helio; así se crea la energía que irradia. Actualmente el Sol se encuentra en plena secuencia principal del ciclo de vida de las estrellas, fase en la que seguirá unos cinco mil millones de años más, quemando hidrógeno de manera estable. Por lo tanto, es posible considerar a esta fuente como inagotable en términos de escalas humanas. Como toda estrella, tiene forma esférica; el plasma solar se encuentra en estado estacionario, ya que la creciente presión en el interior solar compensa a la atracción. Las enormes presiones se generan debido a las reacciones nucleares. Es importante aclarar que en el interior del astro el sistema está alejado del equilibrio termodinámico e hidrodinámico. La actividad más violenta que se da en el Sol son las llamaradas, es decir explosiones con la energía de 10 millones de bombas de hidrógeno; estas explosiones emiten radiación intensa y una corriente de partículas. Las emisiones están relacionadas con las auroras boreales que admiramos, pero también pueden afectar las señales de radio. Hace más de dos mil años los astrónomos chinos notaron manchas en el Sol. Galileo en 1612 las estudió con la ayuda de un telescopio, enfocando la imagen en un pedazo de papel, ya que es peligroso ver al Sol directamente. Cuando tiene muchas manchas se dice que está activo, y si tiene pocas, que está en calma. Una mancha puede ser hasta cinco veces del tamaño de la Tierra y con campos magnéticos miles de veces más intensos que el de la Tierra. La actividad solar parece afectar el clima en nuestro planeta.

El Sol está constituido aproximadamente por 74% de hidrógeno, 25% de helio y 1% repartido entre otros elementos. En su centro se calcula que existe 49% de hidrógeno, 49% de helio y 2% de otros elementos que sirven como catalizadores en las reacciones termonucleares. La reacción de fusión más sencilla que ocurre en el Sol y en las estrellas es la de protón-protón. Dada la alta temperatura del astro, las partículas que lo componen viajan a velocidades muy grandes y es posible que ocurra el choque entre dos protones. Este choque puede provocar reacciones subnucleares: al colisionar, uno de lo protones libera un positrón, de carga positiva, y se transforma en un neutrón. Unidos, el protón y el neutrón constituyen un deuterón, es decir, un núcleo de hidrógeno pesado. El Sol produce 25% de energía por medio de esta reacción. La restante se produce por medio de una reacción más complicada en la que intervienen carbono y nitrógeno como catalizadores y constituyen un ciclo, que se repite una y otra vez mientras dure el hidrógeno. A este grupo de reacciones se le conoce como Ciclo de Bethe o del carbono, y es equivalente a la fusión de cuatro protones en un núcleo de helio. En estas reacciones de fusión hay una pérdida de masa, esto es, el hidrógeno consumido pesa más que el helio producido. Esa diferencia de masa se transforma en energía según la famosa ecuación de la Teoría de la Relatividad de Einstein: $E = mc^2$, donde E es la energía, m la masa y c la velocidad de la luz. Estas reacciones nucleares transforman 0.7% de la masa involucrada en fotones con una longitud de onda cortísima y, en consecuencia, muy energéticos y penetrantes. La energía producida mantiene el núcleo solar a temperaturas aproximadas a los 15 millones de kelvin o grados absolutos (K). La energía neta liberada en el proceso es de cerca de 6.7×10^{14} J/kg (joules por kilogramo) de protones consumidos.

De esta manera se genera la energía solar, viaja a través del espacio y llega a la Tierra. Aquí en la Tierra es importante conocer su composición y para ello se usa un modelo físico que permite cuantificar la disponibilidad energética de la radiación solar: el cuerpo negro.

Un cuerpo negro es un concepto físico. Se trata de un cuerpo ideal que absorbe toda la energía que incide sobre él y la expulsa también con la máxima eficiencia. Este cuerpo negro emite radiación de acuerdo con su temperatura; es decir, las características de la radiación que emite dependen de dicho parámetro. Así, un cuerpo a una temperatura de 6,000 K emitirá una radiación fundamentalmente en el espectro visible; en cambio, un cuerpo negro con una temperatura de 100 K la emitirá en el infrarrojo y por lo tanto no será visible, será negro, a menos que lo iluminemos con una fuente externa. Al cuerpo negro se le asocian tres leyes: la ley de Planck, que describe el espectro de emisión de un cuerpo negro; la ley de Stefan Boltzmann, que relaciona la energía total expulsada con la cuarta potencia de la temperatura absoluta del cuerpo negro, y la ley de Wien, que asocia la longitud de onda, a la que el cuerpo negro alcanza un máximo de emisión, con su temperatura. Según se observa desde la Tierra, el Sol se comporta como un cuerpo negro que emite energía, siguiendo la ley de Planck, a una temperatura de unos 6,000 K. La radiación solar se distribuye desde el infrarrojo hasta el ultravioleta. No toda la radiación solar alcanza la superficie de la Tierra pues las ondas ultravioletas, más cortas, son absorbidas por los gases de la atmósfera, fundamentalmente por el ozono. La radiación solar que llega a la Tierra se denomina irradiancia, la cual mide la energía por unidad de tiempo y área, es decir, la potencia por unidad de área, y su unidad es el W/m² (watt por m^2).

La aplicación de la ley de Planck al Sol con una temperatura superficial de unos 6,000 K, conduce a que 99% de la radiación emitida esté en el intervalo de longitudes de onda desde los 150 nm (nanómetros) hasta los 4,000 nm (cada nanómetro equivale a 10^{-9} m). La luz visible se extiende desde 400 nm hasta 740 nm; la radiación ultravioleta va de los 150 nm a los 400 nm, y la radiación infrarroja u ondas largas desde los 740 nm hasta los 4,000 nm. De acuerdo con la ley de Wien, el máximo de radiación a 6,000 K es 475 nm.

Como ya mencionamos, la atmósfera de la Tierra constituye un importante filtro para radiaciones de longitud de onda corta (inferior a los 290 nm), por la fuerte absorción del ozono y el oxígeno. Ello nos libra de la radiación ultravioleta más peligrosa para la salud. La atmósfera es opaca a toda radiación infrarroja de longitud de onda superior a los 24,000 nm, lo que excluye a la radiación solar; pero como la Tierra, si se aplica el modelo de cuerpo negro, emite energía al espacio debido a su temperatura, que es del orden de 288 K, dicha energía es absorbida en la atmósfera. A este efecto —el que la radiación infrarroja emitida por nuestro planeta quede atrapada en la atmósfera— se le conoce como efecto invernadero y ha sido fundamental para la existencia de vida en la Tierra, pues gracias a ello se mantiene una temperatura promedio de 15° C en todo el planeta.

La radiación solar llega a la Tierra después de viajar aproximadamente ocho minutos, y ya en la superficie terrestre la energía se distribuye. En México, en un día soleado, hay momentos en que fácilmente se reciben hasta 800 watts por m^2. Si se considera esta potencia, podría pensarse que almacenando la energía solar sería suficiente para mantener la iluminación de una casa. Sin embargo, esto no es exactamente así; todo proceso de conversión involucra irreversibilidades que pueden verse como pérdidas, aunque sí es posible afirmar que utilizando la energía solar disminuirá el uso de otras fuentes de energía en la vida diaria.

La radiación solar llega de diferentes maneras: directa y difusa. La radiación directa es la que llega desde el Sol, sin reflexiones o refracciones artificiales intermedias. La difusa es la emitida por la bóveda celeste diurna gracias a los múltiples fenómenos de reflexión y refracción solar en la atmósfera, en las nubes y en el resto de los elementos atmosféricos y cualquier otro objeto natural o hecho por el hombre que se encuentra en el entorno. De esta manera, la radiación directa puede reflejarse y concentrarse para su utilización, mientras que es más difícil y menos eficiente concentrar la luz difusa que proviene de todas las direcciones. El estudio de la dirección con la que incide la irradiación solar directa sobre los cuerpos situados en la superficie terrestre es de especial importancia cuando se desea conducirla a un lugar para su aprovechamiento. La dirección en la que el rayo sale reflejado dependerá del ángulo de incidencia, de acuerdo con la ley de reflexión, que nos dice que el ángulo de incidencia es igual al de reflexión, o a la de refracción de Snell, que nos dice hacia dónde se desvía la luz en el caso de atravesar medios transparentes o translúcidos.

Ya en la Antigüedad el ser humano sabía "atrapar" la luz solar con un espejo. Griegos, romanos y chinos construyeron espejos curvos que concentraban los rayos solares en una región con intensidad suficiente para quemar un objeto. Los hacían puliendo plata, cobre o bronce. A medida que aprendieron geometría, la curva fue tomando la forma de una parábola, que es como se obtienen las temperaturas más altas. Dice la leyenda que en 212 a. C. Arquímedes usó estos espejos "quemadores" para destruir los barcos romanos que invadieron Siracusa, encendiendo sus velas. Lo que sí es seguro es que se usaban para prender fuego e incluso con motivos ceremoniales en los templos. El uso de los espejos curvos con posibles aplicaciones se recuperó en el Renacimiento, cuando Leonardo da Vinci hizo una de las primeras propuestas de aplicaciones industriales. Desde entonces continúa la búsqueda por fabricar espejos cada vez más grandes, más económicos y de mejor calidad para concentrar la radiación solar.

Las estaciones del año

Alrededor de 1500 el astrónomo polaco Nicolás Copérnico trabajó durante 30 años los detalles de un sistema planetario heliocéntrico; es decir, cuyo centro es el Sol. Escribió una explicación detallada de su teoría, pero dudaba en publicarla pues iba en contra de la posición oficial. Finalmente lo hizo un poco antes de su muerte. Su trabajo marcó el principio de la astronomía moderna.

La traslación es el movimiento de este planeta alrededor del Sol en una órbita elíptica. Si se toma como referencia la posición de una estrella, la Tierra completa una vuelta en un año cuya duración es de 365 días, seis horas, nueve minutos. Puesto que la órbita es elíptica la Tierra en algún momento está en el lugar de la órbita más alejado del Sol, denominado afelio, hecho que se produce en julio. En ese punto la distancia al Sol es de 151,800,000 km. De manera análoga, el punto de la órbita más cercano al Sol se denomina perihelio y ocurre en enero, con una distancia de 142,700,000 km. Como se observa, este movimiento de traslación no puede explicar el verano en el afelio y el invierno en el perihelio, ya que en el Hemisferio Norte el momento en que la Tierra está más cerca del Sol corresponde al invierno. Tampoco es ésta la explicación correcta en el Hemisferio Sur, aunque ahí el verano sí ocurre precisamente en el perihelio.

La causante de las estaciones del año y del movimiento aparente del Sol en el firmamento es la oblicuidad o inclinación de la eclíptica de la Tierra. La eclíptica es la línea que sigue el Sol en su movimiento aparente y se forma por la intersección del plano en que se mueve la Tierra con la esfera celeste. Se denomina oblicuidad de la eclíptica (algunas veces llamada también simplemente oblicuidad) a la inclinación que presenta el eje de rotación de la Tierra con respecto al plano de la eclíptica. Esta inclinación coincide con el ángulo que forma el plano del ecuador terrestre con el plano de la eclíptica, y mide 23.5°. La inclinación con la que los rayos del Sol llegan a la Tierra en diferentes épocas del año es la causante del calentamiento de su superficie, y por lo tanto de las estaciones del año. Para el calentamiento de la superficie de la Tierra es más importante que los rayos del Sol incidan en forma perpendicular que inclinada; cuando lo hacen en forma perpendicular la Tierra se calienta más, dado que los rayos se distribuyen en un área menor; en cambio, si inciden en forma inclinada u oblicua, se distribuyen en un área mayor y por lo tanto calientan menos (véase figura 2).

Los griegos clásicos eran muy conscientes del movimiento solar y de los cambios de inclinación en las estaciones. Por medio de la sombra de una estaca vertical clavada perpendicularmente al piso sabían calcular la hora, el día y el recorrido del Sol en diferentes épocas del año. Sabían que en el verano hacía un recorrido diferente al del invierno. Construían sus casas para que el Sol entrara en invierno por un pórtico abierto al sur. No tenían vidrio en las ventanas, pero ésta era una forma de proteger sus cuartos de los vientos fríos. Usaban lo que hoy llamamos en arquitectura diseños pasivos para que las casas fueran frescas en

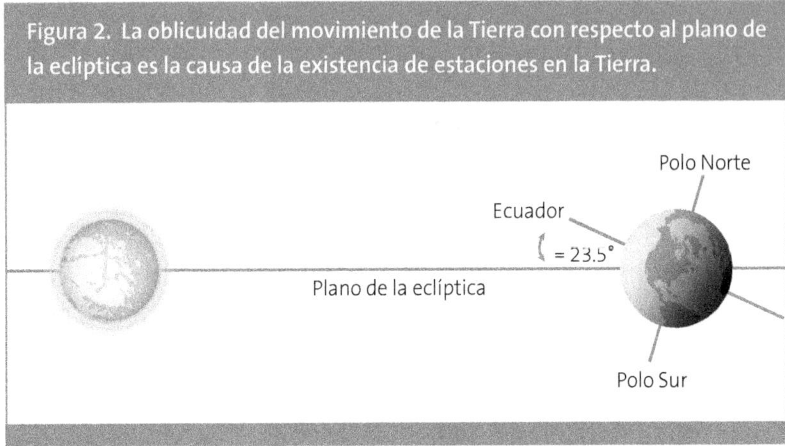

Figura 2. La oblicuidad del movimiento de la Tierra con respecto al plano de la eclíptica es la causa de la existencia de estaciones en la Tierra.

verano y calientes en invierno y, como además veneraban al Sol, culturalmente sentían que su aprovechamiento protegía su salud y sus vidas. Los griegos dieron los primeros pasos hacia una casa "dorada". Vale la pena recordar que en aquel tiempo la leña era la principal fuente de energía y en consecuencia muy valiosa en la fabricación de casas y barcos para quemarla en busca del confort casero. También en nuestras culturas americanas había un culto al Sol y una comprensión de sus trayectorias en diferentes épocas del año. Un ejemplo hermoso se puede ver en la figura 3, donde se muestra cómo entra el Sol en el observatorio de Xochicalco, exactamente a las 12 del día en el solsticio de verano.

Por otra parte, la leña entre los romanos antiguos tenía una demanda aún mayor como combustible, pues además de requerirla para construir casas y barcos en la conquista de su gran imperio, calentaban lujosos baños y las villas de personajes poderosos. Ante la deforestación causada en los montes cercanos decidieron aprovechar la arquitectura solar griega, con la ventaja de que ellos sí usaban el vidrio y así podían obtener el calor solar replicando el efecto invernadero que acabamos de describir en el caso de la atmósfera. Llegaron todavía más lejos: incluyeron en la ley romana el aprovechamiento de la energía solar. La ley impedía

Figura 3. Entrada del Sol en el observatorio de Xochicalco, en Morelos, México por un orificio en el techo, a las 12 am el día del solsticio de verano.

construir una nueva casa que creara una sombra sobre otra y afectara su diseño solar. Es sabido que en Mesoamérica, Nezahualcóyolt buscó armonizar los requerimientos de los sistemas urbanos con las condiciones naturales del medio ambiente, preservó los manantiales y los árboles, condujo el agua por los montes, introdujo el riego, talló estanques y albercas en las formaciones rocosas, plantó flores, propagó variadas especies animales y ordenó la construcción de un zoológico y un jardín botánico. Otro modelo del manejo cuidadoso de los recursos naturales son los aljibes de la Edad Media en España y Portugal. Estos cuantos ejemplos indican que ya desde la Antigüedad existía la preocupación por la casa dorada.

Los invernaderos y la caja caliente

En las casas antiguas romanas existían espacios llamados heliocaminus, literalmente hornos solares, dirigidos hacia el sur y con paredes de vidrio. Al igual que la atmósfera, el vidrio actúa como una trampa de energía solar. Permite el paso de la luz visible, pero al reemitir los objetos internos en el infrarrojo, esta radiación queda atrapada y calienta el aire interior. Justamente los helioca-minus eran protegidos por la ley solar que acabamos de comentar. Excavaciones han mostrado la existencia de estos cuartos de paredes transparentes, principio que también se usó para cultivar plantas en construcciones que hoy llamamos invernaderos. Pero donde los romanos aprovecharon la energía solar con más éxito y disfrute fue en sus famosos baños públicos, llenos también de mosaicos maravillosos y caros espejos (véase figura 4).

Figura 4. Baño romano.

Después de la caída de Roma este conocimiento se perdió durante la Edad Media. En dicha época las casas se construían como un mecanismo de defensa frente a una violencia constante, de modo que colocar ventanas de vidrio hubiera sido muy arriesgado. Solamente había vitrales decorativos en las iglesias. Además la Iglesia como institución de poder se oponía al uso de los invernaderos, pues suponía que el cultivo de plantas fuera de su entorno natural era asunto demoniaco. Varios murieron en la hoguera a causa de sus experimentos.

Los invernaderos renacieron en el siglo XVI por el avance en el desarrollo de la fabricación del vidrio: la ciencia había logrado abrirse camino frente al dogma religioso. Llegaron plantas a Europa gracias a los grandes descubrimientos en el Nuevo Mundo a las que había que proteger de las inclemencias del clima. Se buscaba cultivar plantas exóticas y tener al alcance frutas y vegetales todo el año. Los holandeses, seguidos de los franceses y los ingleses, desarrollaron la horticultura basada en los invernaderos. El auge de la arquitectura metálica (más esbelta que la de piedra) junto con el uso del vidrio, fomentó la construcción de invernaderos, jardines interiores y patios centrales vidriados (atrios) en edificios de varios niveles, que aportaban calor e iluminación natural (véase figura 5).

Hubo un proceso de investigación dedicado a la mejora de los invernaderos. Una vez más, se buscó la orientación sur (en el Hemisferio Norte) para recibir más radiación solar y se experimentó con las inclinaciones de las paredes y del piso (toda inclinación depende de la latitud donde se localice la construcción). Se desarrollaron mejores materiales aislantes para no perder el calor atrapado, a veces usando dos capas de vidrio, con aire atrapado entre ellas. También los directores de jardines botánicos aprovecharon estos conocimientos para aplicarlos en los grandes museos. La moda alcanzó a las familias pudientes en cuyas casas hicieron construir los llamados "conservatorios" para reunirse en las horas de descanso. Ahí no se cultivaban plantas, las que había

eran sólo ornamentales. Pero los conservatorios empezaron a perder el aprovechamiento solar; se volvieron decorativos y debían calentarse muchas veces artificialmente. Cuando estallaron las guerras mundiales y hubo escasez de combustible, los conservatorios se perdieron. Así llegó y se fue la construcción solar. La casa dorada sufrió otro retroceso.

En el siglo XVIII el naturalista Horace de Saussure decidió estudiar el fenómeno de una trampa de calor en una caja de vidrio. Quería calcular la eficiencia del proceso. Construyó una caja rectangular de pino, la cubrió con corcho negro y puso en la tapa tres capas de vidrio. La expuso al Sol y consiguió que la parte inferior de la caja tuviera una temperatura mayor a la de la ebullición del agua. La llamó "la caja caliente" y con ella pudo comprobar que la intensidad solar es prácticamente la misma en las montañas que a nivel del mar; la diferencia que sentimos depende de la atmósfera, no del Sol. Siguieron haciéndose experimentos con esta caja, prototipo de lo que hoy llamamos colector solar para calentar agua, y la estufa solar.

Antecedentes conceptuales

El tema energético es multidisciplinario y enlaza aspectos sociales y económicos con algunos aspectos tecnológicos. La energía está en todas partes y en consecuencia es también una palabra que se emplea en muchos contextos; el primero, sin duda, el cotidiano. Al estudiar disciplinas científicas es posible darse cuenta de que muchos términos que se usan cotidianamente adquieren en cada disciplina un significado preciso y diferente. Ésta es una de las principales dificultades para comunicar la ciencia, cuyo lenguaje abstracto y simbólico no es de uso común.

El ciudadano promedio suele mezclar los conceptos físicos en la mente, ya que en general el aprendizaje de la física resulta árido y complicado, a pesar de los esfuerzos que se realizan para hacerlo comprensible. Por ejemplo, fuerza, energía y potencia se confunden en el imaginario popular. Seguramente el concepto más sencillo entre esos tres es el de fuerza, que se define como la intensidad con la que se empuja, patea, levanta o avienta un objeto. Por supuesto alguien puede utilizar toda su fuerza para empujar un edificio y no moverlo un ápice. Sin embargo, sólo se efectúa un trabajo cuando el objeto sí se mueve en la dirección de la fuerza aplicada. Una vez asimilado esto, se introduce el concepto de energía como una de las propiedades físicas más importantes, y se define como la capacidad de hacer trabajo, entendido como el producto de la fuerza aplicada por la distancia recorrida. Así pues, en el sistema Internacional de Unidades la fuerza se mide en newtons, la distancia en metros, el trabajo, y por lo tanto la energía, en newton-metro o joule. Una vez aceptado el concepto de energía, el de potencia es inmediato, ya que es la razón de cambio de la energía; es decir, a la energía por unidad de tiempo y a un joule entre segundo se le llama watt. Durante mucho tiempo no se relacionó el calor con la energía mecánica y por eso se ha conservado el uso de las unidades de calor —las calorías—, a pesar de su equivalencia con los joules. Una caloría es la cantidad de calor necesaria para aumentar la temperatura de un gramo de agua de 14.5 a 15.5 grados Celsius (°C). Es bueno recordar el significado de algunos prefijos (como kilo, centi, mega o giga), porque muchas veces, si la unidad es muy pequeña o muy grande para un fenómeno, hay que usar sus múltiplos, que se pueden observar en la tabla 1.

Tabla1. Prefijos para las unidades de medida.

Prefijo	Abreviación	Notación científica
deca	da	10^1
hecto	h	10^2
kilo	k	10^3
mega	M	10^6
giga	G	10^9
tera	T	10^{12}
peta	P	10^{15}
exa	E	10^{18}
deci	d	10^{-1}
centi	c	10^{-2}
mili	m	10^{-3}
micro	μ	10^{-6}
nano	n	10^{-9}
pico	p	10^{-12}

Pero, ¿qué es la energía? Es un concepto abstracto usado en ciencia para describir muy variados fenómenos en los que se manifiesta como calor, luz, movimiento. El concepto se introdujo en el siglo XIX y, como ya mencionamos, la física moderna lo extendió en la teoría de la relatividad como equivalente a la masa a través de la famosísima ecuación $E = mc^2$, donde c es la velocidad de la luz en el vacío. En mecánica cuántica entró el concepto de cuanto de energía, quantum (en el caso de la luz, paquetes de energía llamados fotones), que justamente le da su nombre a esta importantísima área de la ciencia.

La energía cumple diferentes leyes. En sus múltiples transformaciones se conserva (primera ley de la termodinámica), lo que no ocurre con su utilidad (segunda ley de la termodinámica). El potencial de uso de la energía disminuye a medida que se recorre una cadena de transformaciones. La cantidad asociada con esta pérdida de utilidad se llama entropía; es decir, la energía se conserva en una transformación pero la entropía aumenta. Las moléculas calientes de gas que salen de un motor de combustión tienen una elevada entropía y ello significa una pérdida de utilidad.

Un concepto importante cuando hablamos de energía almacenada es el de densidad de energía; esto es, la cantidad de energía por unidad de masa (joule/kilogramo). Por ejemplo, para mantenerse, los seres humanos tienen que comer muchos kilogramos de alimentos con baja densidad energética, como frutas y vegetales, aunque medio kilogramo de arroz, con más alta densidad energética, sería suficiente. La gasolina es un gran combustible porque tiene tres veces la densidad energética de la madera (véase tabla 2). La eficiencia de la conversión de la energía es la relación entre la energía obtenida y la energía suministrada, y nos sirve para analizar los aparatos que utilizamos como convertidores. En la tabla 3 se muestran algunos ejemplos.

La intensidad energética es el costo de producir un servicio; por ejemplo, el titanio y el aluminio necesitan una gran cantidad de energía en su producción, no así el vidrio. La tecnología busca aumentar la eficiencia y bajar la intensidad. Esto se ha logrado, por ejemplo, en los focos de luz, hoy 20 veces más eficientes que hace 100 años y que se producen con una décima parte de la energía. No sólo ha habido reducciones importantes en el gasto

Tabla 2. Densidad energética de algunos materiales.	
Densidad de energía	**1 000 000 j/kg** (megajoule/kg)
Hidrógeno	114.0
Gasolina	46.0 - 47.0
Petróleo crudo	42.0 - 44.0
Aceite vegetal	38.0 - 37.0
Mantequilla	29.0 - 30.0
Etanol	29.6
Carbón	22.0 - 24.0
Carbohidratos	17.0
Pescado	2.9 - 9.3
Fruta	1.5 - 4.0

de energía, sino también en el tamaño, como los transistores con respecto a los bulbos en electrónica.

En el siglo XVIII comenzó el estudio científico de los fenómenos térmicos. El físico-químico británico Joseph Black formuló los conceptos de calor específico y calor latente, esto es, de las cantidades de calor para aumentar un grado la temperatura de una unidad de masa de una sustancia, y la necesaria para un cambio de estado, por ejemplo del líquido al gaseoso. Los primeros investigadores de los fenómenos relacionados con el calor creyeron en la existencia de un fluido llamado "calórico" que pasaba de los cuerpos calientes a los fríos. La comprensión científica de los procesos de combustión la inició el químico francés Antoine Lavoisier hacia 1770, cuando identificó el papel del oxígeno en ellos, acabando con otra hipótesis equivocada, la del flogisto, que decía que cuando una sustancia ardía el flogisto se desprendía y calentaba otras sustancias.

Las leyes de los gases, es decir, las relaciones entre presión y volumen para temperatura constante, entre presión y temperatura para volumen constante, y entre volumen y temperatura para presión constante, fueron formuladas por el británico Robert Boyle en el siglo XVII y por los franceses Louis J. Gay Lussac y Jacques

Tabla 3. Eficiencia de conversión de diferentes dispositivos.		
Aparatos	**Transformación de energías**	**Eficiencia (%)**
Generador eléctrico grande	Mecánica → Eléctrica	98-99
Motor eléctrico grande	Eléctrica → Mecánica	90-97
Batería seca	Química → Eléctrica	85-95
Lactancia humana	Química → Química	85-95
Horno de leña	Química → Térmica	25-45
Turbina grande de gas	Química → Mecánica	35-40
Mejores celdas solares	Radiación solar → Eléctrica	20-30
Músculos de mamíferos	Química → Mecánica	15-20
Focos fluorescentes	Eléctrica → Rad. luminosa	30-40
Locomotoras de vapor	Química → Mecánica	8-10

Charles hacia fines del siglo XVIII. Charles percibió que estas relaciones entre presión del gas y temperatura a volumen constante y entre volumen del gas y temperatura a presión constante permiten identificar una temperatura a la cual la presión se haría nula o el volumen bajaría a cero, que coinciden en la temperatura de −273°C, conocida como cero absoluto. La escala de temperaturas que parte de ese cero absoluto se define como temperatura absoluta o escala Kelvin, de acuerdo con una propuesta formulada a mediados del siglo XIX por el físico británico William Thomson, más conocido como lord Kelvin.

Uno de los resultados de la Revolución Industrial fue la generalización del uso de la máquina de vapor, pero esto ocurrió un poco antes de que se comprendieran los principios científicos relacionados con la conversión de la energía química en energía térmica a través de la combustión. Científicos como James P. Joule (británico), Julius R. von Mayer (alemán), Sadi Carnot (francés) y Rudolf Clausius (alemán) desarrollaron estos principios, acabaron con la idea de un fluido calórico y fundaron la termodinámica, incluidas sus dos primeras leyes: la de la conservación de la energía y la del aumento de la entropía. Aunque los conceptos actuales de trabajo y de energía no se formularon sino hasta el siglo XIX, ya desde el XVII en la física newtoniana se había planteado el principio de conservación de la llamada energía mecánica, es decir, la conversión de la energía potencial (la que tiene un cuerpo debido a su altura) en energía cinética, de un móvil en caída libre (la que tiene debido a su movimiento) por la acción de la gravedad.

Estos avances de la ciencia permitieron no sólo comprender el funcionamiento de las máquinas térmicas, sino que sentaron las bases para aumentar su eficiencia. Se pueden aplicar sin comprender, pero sólo se pueden perfeccionar con conocimiento. Mayer y Joule establecieron en forma independiente la primera ley de la termodinámica en la década de 1840. Mayer postuló que la energía proveniente de la luz solar se convierte en energía química presente en los alimentos, y que la ingestión y gasto de energía están en equilibrio en los animales; planteó además la equivalencia y conservación de las energías magnética, eléctrica y química. Joule realizó un famoso experimento con el que determinó el equivalente mecánico del calor: la caída de un peso conectado a una polea movía un dispositivo formado por paletas que giraban dentro de un líquido contenido en un recipiente, razón por la cual aumentaba su temperatura (véase figura 6).

Posteriormente se verificó esta equivalencia con otras formas de energía, como la eléctrica. Con ello se estableció la ley de conservación de la energía y después la hipótesis del calórico. El calor

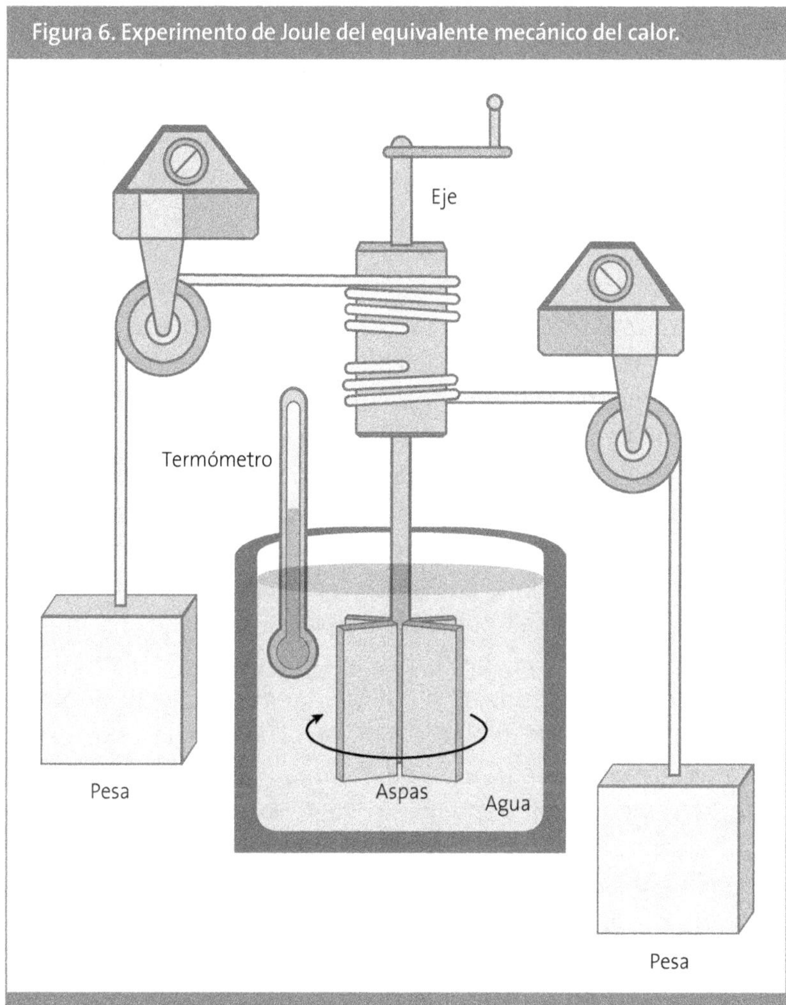

es una forma más de energía, relacionado con la energía de movimiento de los átomos que componen la materia.

Una máquina térmica convierte calor en trabajo útil; esto es, la energía entra en el dispositivo en forma de calor y parte de ella deja el sistema como trabajo a su alrededor. Estas máquinas trabajan en un ciclo y regresan a su punto inicial una vez que se realiza un trabajo, como por ejemplo un pistón que sube y baja. Un problema fundamental de las máquinas térmicas es su eficiencia incompleta, que se define como el trabajo realizado entre el calor invertido y suele expresarse en porcentajes. Es imposible alcanzar 100% de eficiencia, porque de acuerdo con la segunda ley de la termodinámica siempre hay disipación no recuperable. Es imposible en un proceso cíclico convertir calor totalmente en trabajo. Ha habido muchos fraudes por promesas de eficiencias inalcanzables. Sadi Carnot estableció que la mayor eficiencia posible de la conversión de energía en una máquina térmica depende de las temperaturas absolutas (en Kelvin) de la fuente caliente, cuando entra el calor, y la fuente fría, a la que sale el calor. Así, la eficiencia es tanto mayor cuanto mayor sea la temperatura a la cual se produce la combustión. Hay otra forma de enunciar la segunda ley con el ejemplo de un refrigerador, que es una máquina térmica que funciona a la inversa: extrae calor de una fuente fría y lo desecha a una temperatura mayor. La segunda ley impide que haya refrigeradores perfectos: es claro que los refrigeradores usan energía. Esta forma de plantear la segunda ley de la termodinámica la formuló Rudolf Clausius en la década de 1850, quien además introdujo el concepto de entropía el cual, aunque puede definirse como la relación Q/T, donde Q es una cantidad de calor intercambiada a una temperatura absoluta (T), se relaciona con la energía que no puede utilizarse para producir un trabajo, y es una medida del desorden de los átomos que componen el sistema. Clausius dedujo que en toda transformación irreversible o espontánea en un sistema aislado la entropía aumenta, y que un sistema cerrado alcanza su equilibrio en la máxima entropía. Todos estos avances científicos permitieron optimizar la eficiencia de las máquinas en la Revolución Industrial.

Cabe mencionar que la termodinámica sigue siendo un área fundamental de estudio, sobre todo en sus aplicaciones a sistemas fuera de equilibrio, como la vida misma. Aplicar la segunda ley a las máquinas térmicas es bastante claro, pero no lo es tanto cuando se aplica a los seres vivos, que son sistemas que aprovechan la energía para organizarse en el crecimiento celular cuando ingieren alimentos. La pregunta clave es cómo logra un organismo organizarse sin contradecir la segunda ley de la termodinámica; esto es, sin que aumente la entropía, ya que al crecer éste, aquélla disminuye. La respuesta es que los organismos no son sistemas cerrados ni aislados, por lo tanto incrementan su organización a costa del aumento de la entropía de su entorno. Esto es igualmente cierto para los ecosistemas, que requieren de la degradación de los restos de dichos organismos. Inevitablemente, todos los organismos dejan una estela de residuos y es imposible que no modifiquen el ambiente; lo importante es recuperar el daño con algún proceso natural. En resumen, la Tierra es un sistema abierto; la vida es un proceso disipativo e irreversible; la energía fluye y la materia se recicla. La materia se encuentra en un cambio continuo, apartado del equilibrio y alimentado por la energía solar. Los sistemas disipativos adquieren organización y complejidad importando energía del entorno y exportando entropía al mismo.

La organización de un sistema surge de la llamada energía libre, o energía disponible, para hacer trabajo. Se la define como exergía. La entropía mide un proceso irreversible, que es el decaimiento natural de la calidad de la energía que ya no es susceptible de convertirse en trabajo. Es energía a nivel atómico y molecular; es decir, la energía total se conserva, pero se degrada y deja de ser útil. Existe una tercera ley de la termodinámica que impide alcanzar el cero absoluto de temperatura en un número finito de pasos. El término exergía, que utilizan sobre todo los ingenieros, mide la calidad de la energía. La electricidad, por ejemplo, es una forma de energía de alta calidad, mientras que el calor es de baja calidad.

Otra área fundamental para entender el uso de la energía es el electromagnetismo. Ya los antiguos griegos supieron de la existencia de los materiales magnéticos y de la electricidad estática. El conocimiento científico de estos fenómenos comenzó en 1600 con la publicación de la obra del físico inglés William Gilbert sobre las propiedades de los imanes, y con las investigaciones sobre electricidad estática, en el siglo XVIII, del físico francés Charles Coulomb, quien formuló la ley que rige las acciones de atracción o repulsión entre cuerpos eléctricamente cargados. En 1800, el italiano Alessandro Volta inventó la pila, y con ello el primer dispositivo electroquímico y la primera fuente de corriente aproximadamente constante.

En 1820, el físico danés Hans C. Oersted realizó un experimento crucial que fundó el electromagnetismo al verificar que una corriente eléctrica era capaz de mover una aguja magnética, lo que equivale a mostrar que una corriente eléctrica produce un campo magnético. En las décadas siguientes las investigaciones del francés André M. Ampère y del inglés Michael Faraday establecieron la existencia de fuerzas entre los conductores de corriente eléctrica y la inducción electromagnética; es decir, que una corriente eléctrica variable en un conductor induce una corriente en un conductor próximo. James Clerk Maxwell reunió en una síntesis las leyes del electromagnetismo, y además añadió la pieza faltante: un campo magnético variable induce una corriente. Su unificación le permitió probar que la luz es una onda electromagnética. Estos avances, junto con la invención de los electroimanes, establecieron la base científica para el desarrollo de los motores y los generadores eléctricos (véase figura 7).

Las primeras centrales eléctricas comenzaron a funcionar hacia 1880 y con ellas la electricidad desplazó al vapor para mover las maquinas; la iluminación con la lámpara incandescente, inventada por el estadunidense Thomas Alva Edison, sustituyó a la de gas.

Desde esa época hasta la década de 1960 se dio un ininterrumpido aumento en el tamaño y las temperaturas de operación y, con ello, en la eficiencia de las máquinas térmicas que movían a los generadores; la energía generada se transmitió a distancias cada vez más grandes. En 1900, los mayores generadores en el mundo eran dos de 1,500 kilowatts; hacia 1963 se inauguró uno

Figura 7. Generador eléctrico. El principio más sencillo es que al girar una espira dentro de un campo magnético se produce una corriente eléctrica.

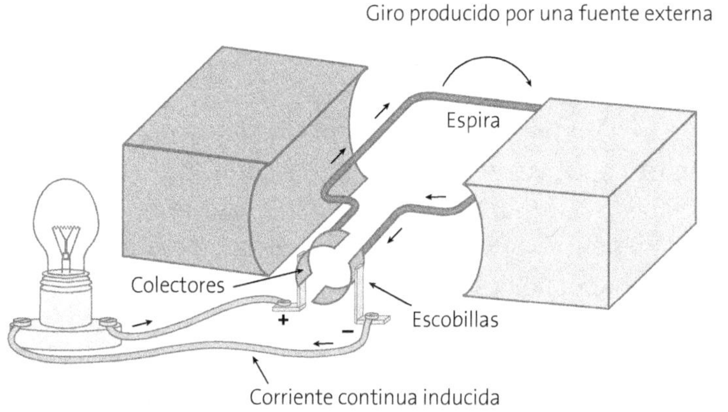

de un millón de kW. Las primeras máquinas consumían 8 kg de carbón por kilowatt-hora producido; las actuales, sólo medio.

De la era de la agricultura a la Revolución Industrial

¿Cómo dividir la historia basada en el uso de la energía? Alvin Toffler publicó La tercera ola en 1979. Con aire futurista se basa en la historia de la humanidad para describir la configuración que tomará el mundo una vez superada la era industrial e introduce lo que hoy se llama la era del conocimiento. A pesar de haber sido escrita hace unas décadas, en muchos aspectos el concepto expresado es bastante actual. El autor divide a la sociedad en tres etapas: agrícola, industrial y nueva civilización: la era del conocimiento. Describe la agonizante era industrial y expone los cambios que se experimentan en el mundo actual. Cada época se ha basado en el aprovechamiento de diferentes fuentes de energía: la humanidad pasó de la agricultura para producir alimentos, a las industrias fabriles para producir bienes de consumo. La era del conocimiento usa y desarrolla nuevas tecnologías de cómputo, nanotecnología y biotecnología, y tiene que enfrentar el problema del cambio climático. Sin duda el paradigma actual es la innovación; ver tal vez los mismos problemas, pero con nuevos ojos. En una visión optimista el conocimiento y las redes formadas a partir de él nos permitirán generar un nuevo sistema de riqueza, pero ¿con qué energía lograremos esto?

Otra versión más moderna de dividir la historia de la humanidad en tres épocas es la de la revista *Scientific American* en su número especial "Tierra 3.0". ¿Por qué 3.0? El argumento consiste en que este planeta ya no es sólo la casa de la humanidad sino también su obra por la forma en que lo está afectando. Por eso se propone usar la nomenclatura de las últimas versiones de software. La Tierra 1.0 existió y evolucionó durante billones de años, hasta hace aproximadamente 200 años. El medio estuvo dominado por procesos ecológicos, geológicos y astronómicos; la vida parecía completamente sustentable, aunque con problemas de equidad social y energética. A pesar de que los seres humanos desarrollaron la agricultura, su efecto era menor y muy localizado. Hace dos siglos llegó la Tierra 2.0, con la Revolución industrial. Los seres humanos alcanzaron una riqueza y prosperidad sin precedentes a costa de los recursos naturales. Hoy ya presenciamos el cambio climático y la desaparición de numerosas especies; además, no se ha logrado la equidad: gran parte de la población mundial vive en la pobreza. La Tierra 3.0 debería ser una nueva manera de hacer las cosas: urge restablecer el equilibrio con la naturaleza de la versión 1.0 y conservar y repartir la prosperidad de la 2.0. Sí es posible un mejor futuro, pero se requiere de una nueva cultura energética y de decisiones importantes para enfrentar los problemas ecológicos y sociales. Para la Tierra 3.0 es preciso recuperar las fuentes renovables de energía.

Desde sus primeros pasos en la Tierra y a lo largo de la historia, el hombre ha buscado la manera de generar energía, indispensable para una vida más confortable. Gracias al uso y al conocimiento de las formas de energía encontró cómo cubrir las necesidades básicas: luz, calor, movimiento, fuerza, y cómo tener una vida más cómoda y saludable. Sin embargo, el acceso a la energía y a una calidad de vida aceptable se dio inequitativamente, y además los hábitos humanos afectaron al medio, por lo que es impostergable tomar medidas que mitiguen y alivien el impacto causado.

La necesidad de energía ha sido una constante desde el comienzo de la vida misma; un organismo la necesita para crecer y reproducirse. Los primeros organismos —fotosintéticos— la obtenían directamente del Sol y en su mayoría podían fijar el CO_2: eran organismos autótrofos. Posteriormente surgieron los organismos heterótrofos, que se alimentaban de la sustancia orgánica sintetizada por los autótrofos. Los seres humanos en sus orígenes utilizaban la energía de su propia fuerza, procedente de los alimentos. El descubrimiento del fuego sucedió hace unos 500 mil años, pero para mantenerlo encendido había que usar leña; fue así como los primeros hombres descubrieron la biomasa. Este avance les dio supremacía sobre los otros animales, ya que al aprender a controlarlo tenían energía para no padecer frío, calentar la comida o asustar a las bestias. Los homínidos aparecieron hace millones de años, los *Australopithecus* hace unos 4.5 millones de años y evolucionaron hasta el *Homo sapiens sapiens* hace aproximadamente 45 mil años.

Los primeros seres humanos eran vegetarianos y carroñeros. Cuando el hombre inventó, hace 20 mil años, instrumentos como el arco y la flecha pudo imponerse a animales más fuertes y rápidos. La domesticación de algunas especies grandes le permitió poner a su servicio la energía animal.

Hacia el siglo I de nuestra era surgieron los molinos accionados por animales. Posteriormente se inventó el molino griego, constituido por un eje de madera vertical, en cuya parte inferior había una serie de paletas sumergidas en el agua. Los seres humanos habían descubierto así la energía hidráulica. Este tipo de molino se usó principalmente para moler granos y por lo tanto requería de una corriente veloz. La rueda hidráulica dio lugar al molino harinero activado por energía hidráulica, pero surgió a la par la necesidad de aprovechar otra de las fuentes de la naturaleza: la energía eólica. Herón ideó el primer molino de viento, también en el siglo I d. C., y a partir de entonces estos artefactos empezaron a desarrollarse, pasando por los molinos de torre —como los de don Quijote—, hasta los modernos aerogeneradores de hoy día. Además, en la época de las grandes civilizaciones antiguas los seres humanos ya habían aprendido a utilizar la energía del viento para mover sus naves.

Los primeros instrumentos empleados en la guerra durante la prehistoria se usaron también para la caza. Más adelante los chinos descubrieron las propiedades de la mezcla de nitrato de potasio con carbón molido y azufre, lo que hoy conocemos como pólvora, y la usaron para hacer fuegos artificiales. El conocimiento de la pólvora y los avances en el manejo de los metales transformaron de manera decisiva la guerra en una empresa más sangrienta a partir del siglo XIV al aplicar la energía química.

El carbón es una roca sedimentaria de color negro que se formó de la descomposición de vegetales depositados en zonas acuosas poco profundas hace unos 300 millones de años. Había sido utilizado en algunas ciudades alemanas e inglesas desde la Edad Media y aparentemente también en China hace más de cinco mil años, pero hacía falta la tecnología adecuada para su aprovechamiento. El comerciante Thomas Savery inventó la máquina de vapor a fines del siglo XVII, aunque la primera que funcionó eficientemente fue la que armó Thomas Newcomen en 1712 (ambos inventores ingleses) y posteriormente la perfeccionó el fabricante de instrumentos escocés James Watt hacia 1796. El uso de la máquina de vapor y los avances en la metalurgia cada vez más precisos y eficaces impulsaron el desarrollo de las fuerzas productivas en Gran Bretaña, en el proceso conocido como la Revolución Industrial, que empezó hacia la segunda mitad del siglo XVIII; el carbón se convirtió en el combustible por excelencia.

El químico belga Jean Baptiste van Helmont, de finales del siglo XVI, afirmaba haber inventado la palabra "gas" cuando se dio cuenta de que no todos los gases eran aire de la atmósfera. En el siglo XVII se obtuvo gas combustible a partir de la hulla, y hacia 1760 comenzó a utilizarse como fuente de iluminación; 50 años después se aplicó a escala comercial en una gran hilandería en Salford, Inglaterra. La iluminación por gas se extendió en las décadas siguientes a ciudades y fábricas en países como Estados Unidos, Francia y Alemania. La primera cocina de gas se fabricó en 1802, y los hornillos y calentadores de gas se usaron a partir de la segunda mitad del siglo XIX.

Con la Revolución Industrial creció la producción de combustibles fósiles, incluido el gas natural. Su producción se triplicó en el periodo comprendido entre 1932 y 1972. La explotación comercial del petróleo se inició en Estados Unidos en 1859, cuando Edwin Drake perforó el primer pozo de petróleo en Pensilvania, y en la década de 1920 comenzó a sustituir al carbón. El carbón ha sido relegado a la fabricación de coque para la industria del acero y como fuente en algunas plantas de generación eléctrica. La producción de petróleo llegó a miles de millones de toneladas, con medio millón de pozos en operación en Estados Unidos. Las otras formas de energía desempeñaron un papel secundario en esa época. Al igual que el carbón mineral, el petróleo es una fuente de energía fósil que proviene de la transformación de materia orgánica depositada en zonas lacustres hace millones de años; muchas veces sus yacimientos están acompañados de gas natural. A partir de 1930 se comenzaron a explotar en Estados Unidos los yacimientos de gas natural, independientemente de los petrolíferos. Hasta entonces el petróleo era considerado el único objeto de interés, y el gas natural que lo acompañaba se quemaba o volvía a inyectarse en los pozos para mantener la presión de extracción del petróleo. El gran auge en la historia del gas natural llegó, prácticamente, en 1960. Entonces los grandes descubrimientos y la explotación de importantes yacimientos en diversas partes del mundo, especialmente en Europa occidental y Rusia, así como en el norte de África, dieron progresivamente una auténtica dimensión mundial a la industria del gas.

En 1874, Nikolaus Otto diseñó en Alemania la primera máquina de combustión interna alimentada por gasolina, combustible proveniente del petróleo, que en 1900 se incorporó a los primeros automóviles producidos por Henry Ford en Estados Unidos. En 1892 el ingeniero alemán Rudolph Diesel inventó un motor de combustión de alto rendimiento, el primero en usar aceite mineral como combustible, cuya ventaja sobre los motores de gasolina fue un menor consumo de combustible. A la difusión del automóvil contribuyeron algunos adelantos originalmente aplicados a la bicicleta, concebida hacia 1880, tales como la invención del neumático por el escocés John B. Dunlop en 1888, y después la vulcanización del caucho. También a principios del siglo XX comenzó la introducción de dispositivos eléctricos de uso doméstico, y posteriormente se amplió la producción de los refrigeradores domésticos.

Durante el siglo XIX, la apertura masiva de nuevas tierras al cultivo en Estados Unidos, Canadá, Argentina y Australia, se acompañó de procesos de mecanización y uso masivo de fertilizantes: el guano, producto de las deyecciones de las aves marinas en las costas peruanas; luego los fertilizantes inorgánicos, como los nitratos provenientes de Chile, y a comienzos del siglo XX, los sintéticos. La disponibilidad de energía fósil abundante y barata desempeñó un papel crucial en la difusión masiva de estos últimos, hecho que se reflejó en un aumento de la producción agrícola. En esa misma época también se transformó la industria pesquera, al generalizarse el uso de embarcaciones movidas por máquinas de vapor o motores diesel. El combustible diesel, que heredó su nombre del inventor de los motores que lo emplean, también se llama gasóleo, y es otro combustible proveniente de la destilación del petróleo. Si es de origen vegetal, se le llama biodiesel.

Cabe destacar que a lo largo de la historia las innumerables guerras tuvieron un cierto impacto positivo, como el de acelerar la evolución tecnológica para aplicaciones bélicas que más tarde se usarían como innovaciones tecnológicas en la vida cotidiana. Lo mismo sucedió con la tecnología aplicada a la exploración espacial.

Todos estos avances tecnológicos se acompañaron de un desarrollo científico impresionante. A pesar de ello, la ciencia y la tecnología no sólo determinaron la tendencia en la evolución de las fuentes de energía y técnicas a utilizar, sino también decisiones de carácter político y social. Otros factores como los económicos, de salubridad, contaminación y calidad de vida fueron los criterios dominantes para la evolución histórica del uso de la energía. Por otro lado, en una determinada sociedad, debían darse las condiciones para tomar estas decisiones como asuntos políticos, autonomía local para medidas energéticas y ambiente social propicio para las innovaciones.

A partir del siglo XX, de acuerdo con la situación de cada región y el tipo de energía en uso, ésta ya no fue sólo un medio para cubrir necesidades básicas y mejorar la calidad de vida, sino que se convirtió en un producto comercializable en busca del máximo beneficio. En muchos países, entre ellos el nuestro, ésta es la situación actual y uno de los motivos que impiden un cambio de rumbo en la política energética. Una consecuencia lógica de ello ha sido, como ya se mencionó, el crecimiento exponencial de la explotación de combustibles fósiles principalmente. Tal fenómeno ha hecho a las ciudades cada vez más dependientes de fuentes de energía alejadas del lugar de consumo, generando en consecuencia un aumento en la extensión de territorio necesario para la transformación, transporte y almacenamiento de la energía y de sus residuos (cenizas, materiales y combustibles radiactivos). Se saturó la capacidad de regeneración de los ecosistemas naturales, lo que contribuyó a aumentar el impacto negativo de los seres humanos sobre la Tierra; es por eso que se requieren nuevas decisiones que cambien el rumbo del uso energético actual.

¿Hacia dónde vamos?

A finales del siglo XIX y principios del XX, una generación de talentosos científicos revolucionó el conocimiento que se tenía de la naturaleza. Con la mecánica cuántica fue posible penetrar en el mundo atómico, lo muy pequeño, y con la teoría de la relatividad especial, en lo que sucede cuando las velocidades se acercan a c, esto es, la velocidad de la luz en el vacío (300,000 km/s). La teoría general de la relatividad definió el espacio-tiempo donde está inmerso el Universo. Todos estos avances conceptuales han tenido y tienen aún aplicaciones espectaculares. Por ejemplo, la mecánica cuántica está detrás de casi toda la tecnología moderna, de las aplicaciones de los semiconductores, de los láseres, de las computadoras y de las celdas solares.

El espectacular desarrollo de las fuerzas productivas desde la Revolución Industrial estuvo asociado con la existencia de energía abundante, barata y de alta densidad, y al avance de la ciencia que permitió comprender el funcionamiento de las máquinas térmicas haciéndolas más eficientes y construir nuevos dispositivos como los motores y generadores eléctricos, que ayudaron a aumentar la productividad del trabajo. Pero también facilitó el derroche de los recursos energéticos, no sólo en el uso de automóviles grandes y en la implantación de éstos como medio dominante de transporte, sino en otros aspectos, como por ejemplo las enormes cantidades de gas natural que se quemaban o se perdían en la atmósfera, prácticas que aún persisten. El agotamiento de los recursos petroleros y los crecientes problemas de contaminación demuestran que la continuación del presente modelo energético basado en los combustibles fósiles no es viable.

Como comentamos al principio del capítulo, el efecto invernadero es un fenómeno natural causado por la presencia de gases en la atmósfera, principalmente vapor de agua y gas carbónico. Estos gases retienen parte de la energía térmica emitida por la Tierra, previamente calentada por el Sol, que mantiene la temperatura dentro de los límites que han permitido el desarrollo de la vida tal como la conocemos. Sin embargo, la actividad humana tiende a aumentar la concentración natural de CO_2 y otros gases en la atmósfera. Como consecuencia, una mayor cantidad de energía térmica queda atrapada en la atmósfera, elevando la temperatura promedio del planeta.

De continuar con las tendencias actuales, la temperatura promedio podría aumentar entre 1 y 2.5°C en los próximos 50 años, y de 1 a 3.5°C para finales de este siglo. Empiezan a establecerse relaciones entre las tendencias a largo plazo y eventos periódicos como El Niño, y se acentúa la necesidad de entender mejor los procesos climáticos. Es importante no confundir el clima con el estado del tiempo. El clima es un promedio de los estados del tiempo a lo largo de por lo menos 30 años.

Entre los efectos que podrían tener las tendencias actuales están los siguientes:

- Una posible elevación del nivel del mar de unos 20 cm en los próximos 40 años, y de 40 a 60 cm para el año 2100. Las consecuencias sobre las zonas costeras serían catastróficas.
- Se modificarían los patrones de precipitaciones, de las pestes y los ciclos de la agricultura. Se extenderían enfermedades como la malaria y el dengue. Podrían agravarse las inundaciones, la erosión del suelo y agudizarse la sequía en otras zonas.
- Se acentuaría tanto la intensidad como la frecuencia de huracanes y ciclones en la zona tropical y se extenderían a latitudes hoy poco afectadas.
- Se alteraría la estabilidad de los bosques tropicales y su diversidad biológica debido a su alto grado de vulnerabilidad a cambios en el equilibrio ambiental.
- La estabilidad de algunos corales se vería amenazada por el aumento de temperatura de los océanos. (Los arrecifes de coral contienen la mayor diversidad genética después de los bosques tropicales, incluido un tercio de todas las especies de peces que se conocen.)

Otra posible nomenclatura para la era actual la discute Friedman en su libro más reciente, *Hot, flat and crowded*, y la llama la Era Energía-Clima. Las fuentes de energía fósiles se están acabando y son cada vez más caras y difíciles de extraer; además, su uso está afectando al clima. Es preciso cambiar los patrones de consumo y recordar que los recursos naturales del planeta son finitos, en tanto que la población continúa creciendo. Hay un número fijo de átomos de los elementos conocidos que circula por la atmósfera, la hidrosfera, la litosfera y la biosfera. Hay un límite a la oferta; mientras tanto, aumenta la demanda. El compromiso de un futuro sustentable nos obliga a recurrir a las fuentes renovables de energía que no contribuyan al cambio climático.

La creación de una conciencia sobre la problemática ambiental ha llevado a una creciente aceptación de la necesidad de ahorrar energía e implantar sistemas energéticos seguros y no contaminantes. Tenemos ante nosotros un reto cuya solución no puede provenir solamente de los avances de la ciencia. La otra condición para ello reside en fomentar una cultura energética entre los millones de personas que habitamos el planeta, que nos haga comprender que no sólo se trata de aumentar la disponibilidad de energía y de bienes materiales sino de asegurar una adecuada calidad de vida para la humanidad en el futuro. Juntos podemos construir la Tierra 3.0 con casas doradas para todos.

Confiemos en que la era del conocimiento dará las herramientas para el desarrollo sustentable, desarrollo que busca la equidad ambiental, social y energética de las generaciones contemporáneas y las posibilidades que nuestros descendientes merecen.

Fuentes renovables de energía

¿Qué se entiende por recursos renovables y no renovables?
Recientemente se aceptó que la actividad humana en la producción y uso de energía afecta el clima de nuestro planeta; esto significa un daño al entorno por la contaminación producida como resultado directo del uso no racional de fuentes de energía. En especial el uso de combustibles fósiles, más sus desechos de gases de efecto invernadero, influye en el cambio climático global.

Hidrocarburos como el petróleo son una fuente de energía primaria con grandes ventajas en cuanto a su extracción, manejo y uso, ya que pueden proveer gran cantidad de energía por unidad de masa, razón por la cual se convirtieron en el energético más importante del siglo pasado. Como ya se dijo, todavía al final del siglo XIX los energéticos más importantes eran la madera y el carbón, y al final del XX, con el petróleo, la cantidad de energía útil per cápita fue 20 veces mayor. Esta cantidad se refiere a un promedio mundial pues en los países subdesarrollados se utilizó menos energía per cápita. El consumo de energía es una de las principales diferencias entre países ricos y pobres, y ese valor es mucho menor en Latinoamérica.

A pesar del enorme desarrollo propiciado por el uso de combustibles fósiles, a principios de los años setenta se plantearon serias dudas sobre la disponibilidad de tales combustibles en el mundo, dudas que aumentaron con el curso de los años; finalmente se demostró que éstos son un recurso no renovable que se terminará en un futuro cercano. No renovable quiere decir que su tasa de consumo es mucho más rápida que su tasa de producción. Para la formación del petróleo se requieren millones de años de transformación de la materia orgánica depositada en fondos de zonas acuáticas cubierta por sedimentos, y sin embargo, ésta se quema en unos cuantos minutos... Si extendemos esta definición, las fuentes no renovables son el petróleo, el gas, el carbón y la energía nuclear; esta última depende de materiales como el uranio, de los cuales el planeta tiene una reserva finita. ¿Qué hacer para llevar a cabo un desarrollo económico sustentable? La respuesta parecería sencilla: la diversificación y la búsqueda de fuentes de energía menos contaminantes y renovables que duren para el futuro.

En resumen, una fuente renovable de energía es aquella que se explota a una tasa menor de la que se renueva, y por lo tanto su disponibilidad en el tiempo es comparable con el ciclo de vida de la humanidad. En este sentido, las fuentes renovables de energía son la solar, eólica, hidráulica, oceánica, geotérmica y biomasa. En esta sección discutiremos aspectos técnicos para el aprovechamiento de tales fuentes y también hablaremos del hidrógeno como vector energético.

Hay que agregar, aunque se discutirá en detalle posteriormente, que las fuentes renovables de energía desempeñan un papel crucial en el desarrollo sustentable. Ellas brindan la posibilidad de contar con la energía que necesitan el planeta y la sociedad para satisfacer las necesidades económicas, sociales y ambientales actuales sin comprometer el futuro.

Energía solar

La energía solar es la más abundante en el planeta, pero también la más dispersa y por lo tanto tiene que captarse. Existen varias formas de hacerlo y las diferentes tecnologías de captación dependen de la aplicación en la que se utilizará la energía. Por ejemplo, si se quiere calentar algo, lo más sencillo es exponerlo al Sol. A este tipo de aplicaciones y tecnologías se les conoce como fototérmicas; en esta categoría existe una gran diversidad de opciones para los dispositivos llamados colectores solares, que captan la energía solar y proporcionan cierta cantidad de calor. Pero si se quiere encender un foco, lo más adecuado es usar una celda fotovoltaica, dispositivo que capta la energía solar y, directamente, la convierte en energía eléctrica. En los párrafos siguientes se explorarán algunas de las ventajas de usar energía solar y cómo resolver necesidades concretas de energía en el entorno.

Aplicación fototérmica

Existen diferentes formas de transformar la radiación solar en energía térmica. A continuación se describirán los aspectos científicos que sustentan los dispositivos de conversión fototérmica de la energía solar: colectores solares planos, colectores con tubos evacuados y concentradores solares. La decisión de utilizar alguno de estos dispositivos radica en la aplicación; su diferencia fundamental es la clase de radiación —directa o difusa— que utilizan para el calentamiento.

Por ello es tan importante estudiar la dirección en la cual incide la irradiación solar sobre los cuerpos situados en la superficie terrestre y su comportamiento al reflejarse. La dirección del rayo reflejado, para poder aprovecharse, dependerá de la dirección incidente. Son dos los componentes de la irradiancia incidente sobre un punto de la superficie de la Tierra o de un dispositivo de conversión fototérmico: irradiancia solar directa e irradiancia solar difusa. Irradiancia solar directa es aquella que llega al cuerpo desde la dirección del Sol. Irradiancia solar difusa es aquella cuya dirección ha sido modificada por diversas circunstancias (densidad de nubes, partículas u objetos con los que choca, reemisiones de cuerpos calientes). Por sus características, esta radiación proviene de todas direcciones y en general no es homogénea en su distribución; es decir, puede ser mayor desde una dirección. Ejemplo de esta última es la radiación que sentimos cuando pasamos junto a una pared blanca que recibe los rayos del Sol. La suma de ambas es la irradiancia total incidente. La superficie del planeta está expuesta a la radiación proveniente del Sol. La tasa de irradiancia depende en cada instante del ángulo que forman la normal a la superficie en el punto considerado y la dirección de incidencia de los rayos solares. Por supuesto, dada la lejanía del Sol respecto de nuestro planeta, puede suponerse, con muy buena aproximación, que los rayos inciden esencialmente paralelos sobre su superficie. No obstante, en cada punto del mismo, la inclinación de la superficie respecto de dichos rayos depende de la latitud y de la hora del día para una cierta localización en longitud. Dicha inclinación puede definirse a través del ángulo que forman el vector normal a la superficie en dicho punto y el vector paralelo a la dirección de incidencia de la radiación solar (véase figura 8). Para el uso de la energía solar fototérmica es importante entender con precisión la forma del movimiento aparente del Sol

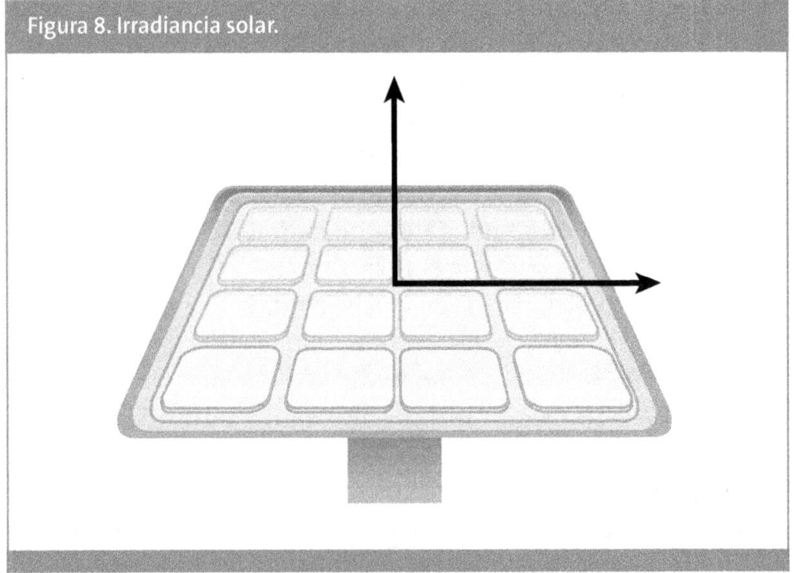

Figura 8. Irradiancia solar.

a lo largo del día y del año.

En general, cuando se hace referencia a aplicaciones térmicas de la energía solar se involucran las llamadas aplicaciones activas, esto es, el aprovechamiento de la energía térmica a través de diferentes dispositivos. Por otro lado, las aplicaciones pasivas se refieren a formas arquitectónicas o dispositivos no mecanizados que constituyen la envolvente de un edificio a fin de obtener un microclima en espacios habitables, haciendo más eficiente el uso de la energía. Esto último se examina en el capítulo 3.

Existen diferentes tipos de colectores solares, útiles para calentar fluidos (agua, aceite, aire). Los más comunes son los colectores solares planos, que aportan una alternativa real para calentar el agua de uso doméstico y la de algunos procesos industriales que requieran temperaturas menores a los 80°C. Estos dispositivos, en su mayoría, consisten en un arreglo de tubos por donde se hace pasar el fluido de trabajo —agua, por lo general— que se expone a los rayos solares directamente, de tal forma que el fluido se calienta en los tubos. El agua entra por uno de los extremos del tubo horizontal más bajo, sube por todos los tubos verticales y sale por el extremo contrario del tubo horizontal más alto. El arreglo de tubos se pinta de negro mate o se cubre con cromo negro o con algún otro material que absorba la radiación solar para evitar el reflejo de la luz y así lograr una mayor absorción de calor. Por lo general, a cada uno de los tubos se le acopla una placa de lámina delgada. Las láminas captan la radiación y transmiten la energía por conducción a la tubería. El arreglo de tubos se coloca sobre una superficie plana, con una inclinación específica en función de la localidad terrestre de que se trate. Para obtener un buen resultado, los colectores deben colocarse de tal forma que la radiación directa incida en su superficie mayor; por lo tanto, para fijarlos se recomienda inclinarlos con un ángulo respecto de la horizontal igual a la latitud del lugar.

Si los colectores se conformaran solamente por este arreglo de tubos, cualquier ráfaga de aire provocaría su enfriamiento y en consecuencia disminuiría su eficiencia; por esta razón los tubos se instalan dentro de una caja aisladora, cuya base es una placa negra con cubierta de vidrio transparente. Con esta cubierta, los colectores solares planos protegidos funcionan aprovechando el efecto invernadero; aunque el vidrio actúa como filtro para ciertas longitudes de onda de la luz solar, deja pasar fundamentalmente la luz visible y es menos transparente con las ondas infrarrojas de menor energía. Los rayos del Sol inciden sobre el vidrio del colector, que por ser transparente a la longitud de onda de la radiación visible deja pasar la mayor parte de la energía. A ésta la absorbe la placa colectora negra, que incrementa su temperatura y, en consecuencia, se convierte en emisora de radiación de onda larga (o infrarroja), menos energética; pero como el vidrio es muy opaco a longitudes de onda largas, la radiación infrarroja queda retenida y el recinto de la caja se calienta por encima de la temperatura exterior, debido al efecto invernadero. Se presentan algunas pérdidas por transmisión a la atmósfera a través del vidrio, pero como éste es un mal conductor térmico, las pérdidas son menores que la ganancia térmica obtenida al colocar los vidrios. Cuando pasa por el colector solar plano protegido, el fluido de trabajo que circula por los conductos se calienta y transporta esa energía térmica a donde se desee. El rendimiento de los colectores mejora cuanto menor sea la temperatura de trabajo, puesto que a mayor temperatura dentro de la caja (en comparación con la exterior), mayores serán las pérdidas por transmisión en el vidrio. También, a mayor temperatura de la placa captadora, más transparencia tendrá el vidrio, disminuyendo por lo tanto la eficiencia del colector. Es importante mencionar que la tecnología de los colectores solares planos ya está probada y hay en el mercado varios de ellos que pueden calentar el agua para el uso doméstico (véase figura 9); por ejemplo los colectores solares planos de 2 m^2 y un tanque de 200 l son una alternativa real y actual para el ahorro del combustible, ya que cubre el gasto de una familia de cuatro miembros: la inversión se paga en menos de tres años.[1]

---

1 Costos estimados en mayo de 2009.

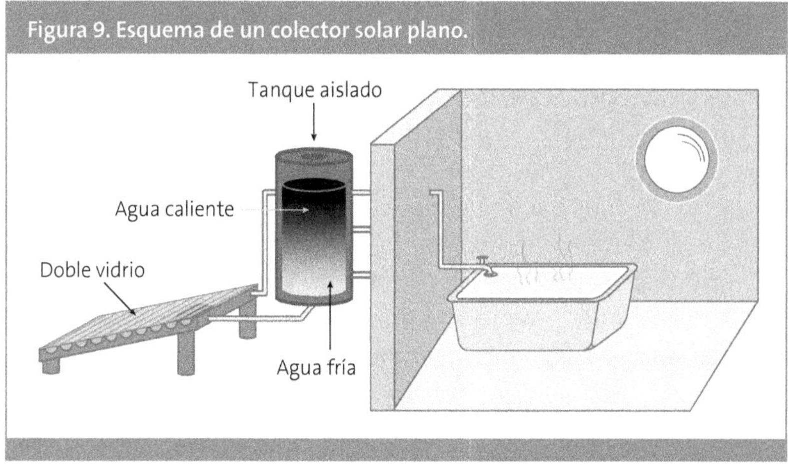

La mayor pérdida de eficiencia en estos sistemas es por la transferencia convectiva del calor de la placa y los tubos metálicos al vidrio. El aire contenido en movimiento en el colector solar plano protegido, que se calienta cuando está en contacto con la placa o con los tubos, disminuye su densidad y sube hasta tener contacto con el vidrio; así le transmite su energía interna con la consiguiente pérdida de energía; el vidrio a su vez transmite esta energía al ambiente. De manera que uno de los problemas de los colectores solares planos se debe al calentamiento del aire que rodea los tubos, formando celdas convectivas de aire que transmiten energía de las partes calientes (tubos o placas de absorción) al vidrio de las cubiertas, y de ahí al aire del ambiente, con la consiguiente pérdida de energía y por lo tanto de eficiencia. A fin de evitar este inconveniente se inventaron los colectores de tubos evacuados; esto es, tubos de vidrio en cuyo interior hay otro tubo de cobre cubierto con una película selectiva absorbedora de la radiación, del que se ha extraído el aire, provocando una atmósfera enrarecida donde no se producen celdas convectivas eficientes. Cuando no se pierde energía por el transporte convectivo, aumenta la energía solar captada en el tubo o placa negros. Los tubos podrán usarse con fluidos térmicos cuyo punto de ebullición sea mayor a los 100°C, como el del agua, para obtener temperaturas de unos cientos de grados Celsius y de esta manera aplicarse en la industria.

Una mayor eficiencia y en consecuencia más alta temperatura para otras aplicaciones exige la concentración de energía solar, entonces estaremos hablando de energía solar concentrada a través de espejos o lentes, y entraremos en el ámbito de las altas temperaturas. Los espejos o lentes se colocan de modo que reflejen los rayos solares hacia una región más pequeña —el llamado foco—, concentrándolos; este tipo de dispositivo puede acoplarse a un generador eléctrico y producir energía eléctrica.

Se conocen diferentes tipos de concentradores solares y, dado que la radiación solar directa llega en forma casi paralela a la superficie de la Tierra, los espejos parabólicos son los más frecuentemente usados como concentradores solares. La propiedad de mayor interés de los espejos parabólicos es que cualquier rayo paralelo a su eje que incida sobre la superficie del espejo será reflejado hacia el foco de la parábola. Con ello se logra la concentración de todos los rayos que lleguen en forma paralela al eje en una región más pequeña, idealmente en un punto (véase figura 10).

Con el objeto de concentrar la radiación solar también pueden usarse lentes, como las lupas sobre una hoja de papel. En este caso, una lente biconvexa funciona de modo que el conjunto de rayos solares paralelos incidentes en ella se refracta y desvía hacia su eje, pasando por su foco y concentrando la energía solar (véase figura 11).

Una desventaja de usar lentes en lugar de espejos es la mayor absorción de los materiales transparentes empleados para fabricar los lentes. De esta forma, la aplicación de espejos o lentes sirve para aumentar la densidad de energía por unidad de área, y con ello incrementar la eficiencia de los dispositivos solares térmicos. Uno de los parámetros importantes en dispositivos de concentración solar es la concentración geométrica, que se define como:

C = (Área de recepción)/(Área de concentración)

Figura 10. Los rayos paralelos se concentran por el espejo parabólico.

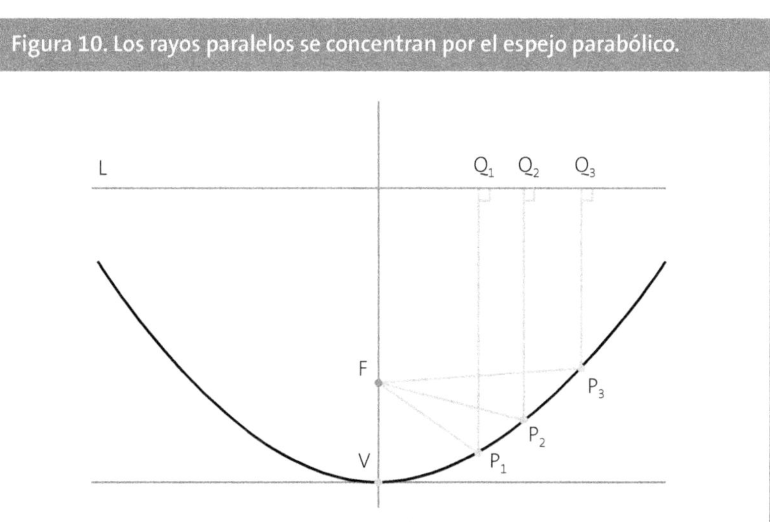

L
Q₁ Q₂ Q₃
F
P₃
P₂
V P₁

Figura 11. Las lentes biconvexas concentran los rayos paralelos.

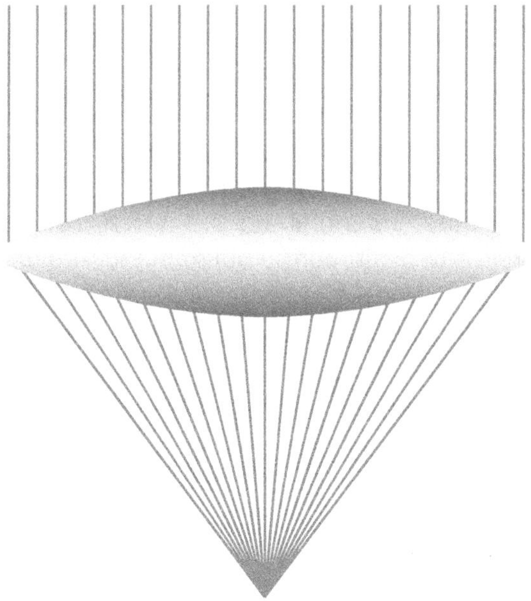

y se busca que sea lo más grande posible. También se emplea el concepto de concentración termodinámica, relacionado con el hecho de que no puede concentrarse más energía que la equivalente a la temperatura de la radiación que incide en un punto.

Se concibe al concentrador, sea espejo o lente, como un concentrador de revolución, originado por el giro de una curva generalmente parabólica alrededor de su eje principal, que produce una superficie de revolución. Sin embargo, existen otros concentradores lineales que trabajan con espejos o concentradores cilíndricos. Las superficies se generan al mover una curva, también parabólica, sobre una línea perpendicular a su eje. Estos sistemas de concentración permiten aumentar la temperatura de trabajo y por lo tanto la eficiencia.

Uno de los aspectos más importantes que deben tomarse en cuenta para el buen funcionamiento de estos concentradores solares es su continuo movimiento; así los rayos del Sol llegarán en forma perpendicular a su eje principal. Esto implica la construcción de complejos sistemas de seguimiento del movimiento del Sol en el firmamento. Recientemente se generalizó esta estructura, y en el Instituto de Energías Renovables de la UNAM se desarrollaron los concentradores toroidales que, en lugar de extruir la parábola sobre una línea recta o girarla alrededor de su eje, lo hacen sobre un círculo, formando un segmento toroidal que consigue disminuir los requerimientos de seguimiento del Sol.

Con el propósito de aumentar aún más la temperatura de trabajo, en los concentradores solares se utilizan sistemas de espejos con diámetros de 1 m apuntando a un punto específico. En particular, pueden apuntar a una torre central para producir la energía eléctrica necesaria para una pequeña ciudad: varios millones de watts (megawatts); estas plantas termosolares son ya una realidad y operan con rentabilidad. También existen plantas termosolares que utilizan concentradores parabólicos lineales donde se calienta un fluido de trabajo para luego conducirlo a un intercambiador de calor y producir electricidad o utilizar directamente la energía térmica del fluido. Los principios termodinámicos empleados en estos dispositivos son similares a los que se describieron con anterioridad.

Las aplicaciones para la energía solar concentrada son muchas y muy variadas; por ejemplo, se puede concentrar la parte ultravioleta de la energía solar y producir fotocatálisis a fin de degradar algunos contaminantes en el agua. También es posible concentrar la parte visible de la radiación solar y conducirla a través de fibras ópticas (pequeñas barras de vidrio que transportan la luz a través de ellas y que pueden verse en algunas lámparas multicolores) para aumentar la producción de cultivos biológicos en ambientes estériles.

Aunque la tecnología actual de colectores solares planos satisface las demandas térmicas del sector doméstico, aún falta investigación para desarrollar colectores solares más eficientes y de menor costo, en particular con respecto al almacenamiento de energía térmica de largo plazo y colectores con capacidad de alta temperatura para aplicaciones industriales.

Actualmente, con la finalidad de generar energía eléctrica a partir de sistemas de concentración hay tres opciones de plantas solares térmicas de potencia: sistemas de concentración parabólica, sistemas de torre de concentración y sistemas de plato Stirling; este último consiste en un pistón que se mueve cuando un gas se expande por efecto térmico; el ciclo se completa al enfriarlo. En general, el desempeño de estas plantas mejora si se automatiza su funcionamiento, se desarrolla un sistema de almacenamiento de la energía eficiente y costeable, y se reduce el peso de los colectores.

En particular, la planta parabólica necesita: a) mayor desarrollo en la tecnología para producir vapor directamente, b) películas absorbedoras para temperaturas mayores a los 500°C, y c) desarrollo de nuevos sistemas ópticos de concentración.

En cuanto a la tecnología de torre de potencia se requiere avanzar en el acoplamiento del calentamiento solar a la turbina para aumentar el potencial de la alta temperatura y en el desarrollo de mejores espejos, para optimizarlos en términos de costo y de capacidad reflexiva. En cuanto a la tecnología de plato Stirling se necesita un mayor desarrollo en sistemas híbridos solar/fósil y solar/biomasa.

Puede obtenerse frío mediante la energía solar, pero este tema no ha sido lo suficientemente estudiado; es necesario hacer una investigación básica en el área de materiales para fluidos de trabajo, mejorar la eficiencia de sistemas de enfriamiento de baja capacidad térmica y desarrollar sistemas híbridos.

Aplicación fotovoltaica

La energía solar fotovoltaica es la tecnología basada en las llamadas celdas solares (también se les conoce como células solares y celdas fotovoltaicas), capaces de convertir la luz del Sol directamente en electricidad. A finales de 2005 se contabilizó en el mundo un total de 3,700 MW, lo que representó un crecimiento de 42% respecto del año anterior. La mayor parte de esta generación de potencia eléctrica se debe a instalaciones particulares conectadas a redes de distribución general, ya sea en instalaciones terrestres (como las huertas solares o pozos rurales) o mediante integración arquitectónica en edificios.

La celda solar es un dispositivo compuesto por materiales semiconductores capaz de transformar los fotones procedentes del Sol (luz solar) en electricidad, de una forma directa; esta conversión se conoce con el nombre de efecto fotovoltaico (FV). Dicho fenómeno se lleva a cabo en dispositivos formados por sólidos, líquidos y gases; en sólidos, especialmente en las uniones de los llamados semiconductores, se han observado las mayores eficiencias de conversión de potencia luminosa (luz) a potencia eléctrica (electricidad). La unidad mínima de transformación en donde se realiza el efecto FV se llama celda solar. La electricidad que se genera es del tipo directo o corriente directa o continua (CD); grupos de ellas se conectan entre sí para formar módulos FV y éstos para formar arreglos FV, llamados comúnmente generadores fotovoltaicos.

La historia del efecto fotovoltaico comienza en 1839 cuando E. Becquerel observó la generación de corriente eléctrica en una reacción química inducida por luz. Varias décadas después, en los años setenta del mismo siglo, Charles Fritts reconoció un efecto similar en sólidos, en especial en el selenio. En 1930, Lange, Schottky y Grondhal reportaron eficiencias de conversión de 2% en celdas basadas en selenio (Se) y Cu_2O. Sin embargo, hubo que esperar el avance de la ciencia, en especial en física cuántica, para dar una explicación fundamental del fenómeno fotovoltaico. Posteriormente, la teoría del rectificador de estado sólido (diodo) desarrollada por Mott y Schottky a principios de la década de los cuarenta del siglo XX, y el invento del transistor por Bardeen, Brattain y Shockley en 1949, abrieron el camino al descubrimiento de la primera celda solar de silicio cristalino, ya que una celda requiere del mismo tipo de unión semiconductora que un transistor; este descubrimiento se llevó a cabo en los Laboratorios Bell en 1954. Chapin, Fuller y Pearson, los realizadores, reportaron una eficiencia de conversión de energía solar a electricidad de 6%. Aunque la tecnología implicada era muy cara, el inicio de la era espacial en los años sesenta dio a las celdas solares su primer nicho de aplicación real; posteriormente, en los años setenta y gracias a una crisis petrolera, las actividades de investigación trajeron como beneficio mejoras en los procesos de elaboración y un aumento en la eficiencia de conversión, lo que ayudó a reducir los costos de fabricación y abrió la oportunidad de usar dichos dispositivos para energizar aparatos eléctricos de bajo consumo en localidades remotas. La celda fotovoltaica es uno de los claros ejemplos donde la mecánica cuántica ha mostrado una amplia aplicación.

A grandes rasgos, una celda solar es un dispositivo construido por la unión de dos semiconductores con diferente comportamiento eléctrico, uno tipo p (exceso de huecos electrónicos) y otro negativo tipo n (exceso de electrones), para que al iluminarlos se cree un campo eléctrico interno, un potencial fotovoltaico.

En función del material, es posible formar una gran variedad de uniones; destacan las siguientes: homouniones p-n (un mismo semiconductor), heterouniones p-n (semiconductores diferentes, uno tipo-p y el otro tipo-n), barrera Schottky (unión metal-semi-conductor, MS), metal-aislante-semiconductor (unión tipo MIS) y semiconductor-aislante-semiconductor (unión tipo SIS).

La celda solar más popular es la que se fabrica con una ho-mounión p-n de silicio monocristalino o policristalino. El silicio es un material que se obtiene por medio de la purificación de la arena (sílice), proceso muy común en la industria de los semicon-ductores y a través del cual se obtiene un material de gran pureza. Dicho material se funde en hornos de alta temperatura; allí se le agregan pequeñas cantidades de boro para crear un semicon-ductor tipo-p. Posteriormente, por medio de procesos de solidifi-cación se favorece la formación de un lingote de forma cilíndrica o un block de sección cuadrada. Se forma un lingote cuando se inserta en el silicio fundido una semilla de crecimiento y ésta se jala y rota al mismo tiempo a una cierta velocidad que permite el enfriamiento y la formación de un cilindro. Si sólo se vierte el sili-cio fundido en un molde de sección cuadrada y se deja enfriar, el material se solidifica como si estuviera formado por muchos mo-saicos colocados totalmente al azar. A este tipo de configuración se le llama policristal de silicio, mientras que al lingote anterior se le denomina monocristal de silicio.

El material sólido así formado se rebana en pequeñas rodajas, con sierras especiales de un espesor aproximado de 0.3 mm (300 micras), llamadas obleas. Las obleas se pulen y limpian química-mente. Más tarde, en hornos de difusión, las obleas se tratan tér-micamente en una atmósfera de fósforo para producir, sobre su superficie, una capa de silicio tipo-n, y de esta manera fabricar la unión p-n que se requiere para construir la celda solar. Luego, se coloca una capa antirreflectora sobre una de las superficies n definiendo la cara superior de la celda, y sobre ésta se fija una re-jilla metálica que formará el contacto eléctrico del dispositivo FV.

Sobre la otra superficie n (cara inferior) se deposita una capa de aluminio y se homogeniza con la temperatura en una atmósfera inerte, creando así el otro contacto eléctrico de la celda solar. Se caracteriza eléctricamente cada celda para conocer el voltaje y la corriente generada cuando incide luz solar (véase figura 12).

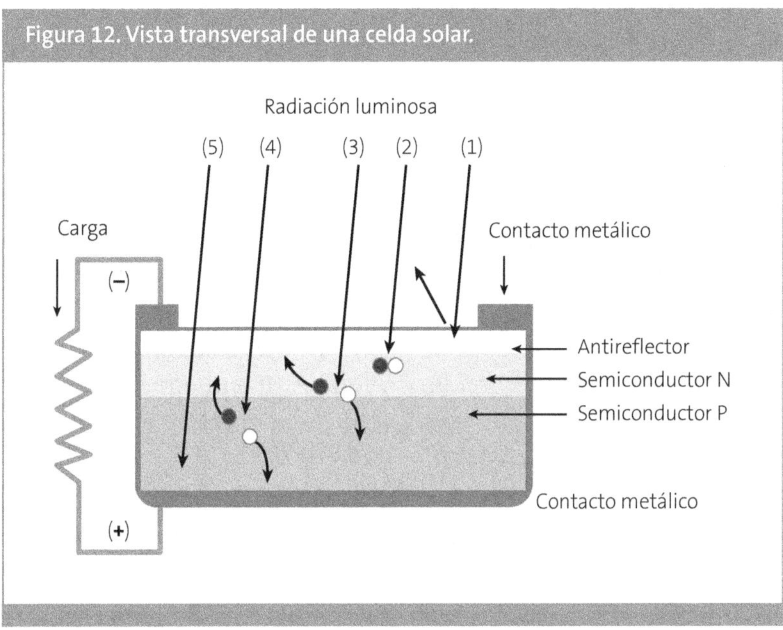

El funcionamiento de una celda fotovoltaica puede explicarse de la siguiente manera: cuando un haz de partículas de luz con determinada energía —fotones—, con longitud de onda bien definida, incide sobre la celda solar produciendo ionización atómica, se generan portadores de carga eléctrica negativos (electrones) y positivos (huecos) debido a un proceso de absorción óptica. Algunos de estos portadores se difunden en el sólido y llegan a la zona de la unión en donde se separan por el campo eléctrico antes de recombinarse. Los portadores separados se colectan por medio de los electrodos metálicos para generar un voltaje externo. Si se conecta una "carga eléctrica" (un foco, una resistencia, un reloj, una calculadora) en las terminales de la celda, fluirá una corriente eléctrica hacia la "carga" y la hará funcionar; la misma figura muestra que parte de la radiación luminosa incidente se refleja por la superficie de la celda solar y no participa en la fotogeneración (rayo 1). Las longitudes de onda corta (rayo 2), una vez absorbidas, crean pares electrón-hueco que se pierden por recombinación superficial y convierten su energía en energía térmica que disminuye la eficiencia de la celda. Los rayos 3 y 4 se absorben cerca de la unión, creando pares electrón-hueco que se separan por el fuerte campo eléctrico que existe en la unión, llevando a los electrones al lado n y a los huecos al lado p. Las longitudes de onda larga (rayo 5) atraviesan la celda sin causar efecto alguno; cuando llegan al contacto trasero se absorben y la energía que ceden se transforma en calor. Así se fotogenera un voltaje, que puede medirse con un voltímetro. Este voltaje es capaz de enviar hacia fuera de la celda una corriente eléctrica a través de los cables metálicos conectados a sus extremos, la cual se pone de manifiesto al ejercer trabajo sobre la carga eléctrica.

Se ha determinado experimentalmente que la cantidad de corriente producida en una celda solar es proporcional a la potencia de la radiación luminosa que incide sobre ella y al área de captación. De esta manera, la corriente fotogenerada se incrementa aumentando el área de la celda solar. Sin embargo, el fotovoltaje depende solamente del material con que está elaborada la celda solar. En condiciones de iluminación normal, y con la tecnología actual, las celdas de silicio cristalino (monocristal o policristal) producen un "voltaje a circuito abierto" (sin cargas conectadas) de alrededor de 0.6 volts, independientemente del tamaño de la celda. Así, una celda de silicio cristalino de 100 cm^2 de área, con una eficiencia de 24.7%, genera una potencia máxima de 2.46 W bajo condiciones estándares de prueba (una intensidad luminosa de 1000 W/m^2 a 25°C). Si la intensidad luminosa decrece, por ejemplo a 60%, la potencia generada es aproximadamente de 1.47 W. Sin embargo, una celda solar de silicio amorfo (donde los átomos no obedecen un orden de traslación, es decir se colocan en forma desordenada) produce, en las mismas condiciones óptimas, una potencia máxima de 1.36 W, algo más de la mitad de lo que produce la celda monocristalina de silicio.

La corriente y el voltaje generados por una celda son muy pequeños para una aplicación práctica, de modo que para ofrecer una alternativa de aplicación deben fabricarse nuevas estructuras basadas en la unidad mínima de conversión. Si se busca incrementar tanto el voltaje como la corriente generada es necesario crear una estructura en donde se asocien celdas solares interconectadas de alguna manera; esta asociación formará un nuevo dispositivo, conocido como módulo fotovoltaico. Dado que la celda solar produce corriente directa (CD), por las leyes de Kirchoff de los circuitos eléctricos se establece que un conjunto de celdas solares con características eléctricas idénticas conectadas en serie produce un nuevo circuito cuyo voltaje de salida es igual a la suma de los voltajes de cada celda (circuito en serie: suma de voltajes), y la corriente de salida será igual a la corriente de una celda. Pero si las celdas se conectan en paralelo, el resultado es un circuito cuyo voltaje de salida es igual al de una celda; sin embargo, la corriente de salida es igual a la suma de las corrientes generadas por cada celda (circuito en paralelo: suma de corrientes). Por otro lado, ya que las celdas tienen superficies que estarán en contacto con la atmósfera, la cual tiende a degradarlas pues suelen ser muy frágiles, es necesario proveerlas de una cubierta protectora que evite la acción de la atmósfera y disminuya el riesgo de ruptura. Así, para aumentar la potencia fotovoltaica a partir de celdas solares, se crea una nueva estructura llamada módulo FV, compuesto de un conjunto de celdas conectadas generalmente en serie, selladas en un proceso de laminado con un vidrio transparente templado protector y polímeros, enmarcado con una estructura metálica para manipularlo e instalarlo.

Los módulos fotovoltaicos se diseñan para energizar cargas eléctricas específicas; no obstante, la aplicación más importante es el almacenamiento de electricidad en acumuladores o baterías como las automotrices de 12 V CD (corriente directa), baterías basadas en la celda electroquímica plomo-ácido. Así pues, el número de celdas conectadas en serie debe ser aquel que haga que el módulo genere el voltaje de carga de la batería; actualmente, 12 y 24 V de corriente directa son los estándares en la industria de módulos fotovoltaicos.

La tecnología fotovoltaica, celda, módulo o arreglo, absorben la energía solar (la luz solar) y la transforman en electricidad del tipo corriente directa sin ningún proceso intermedio: si no hay luz solar no hay generación de electricidad. El conjunto de todos los elementos anteriores y los aparatos eléctricos que se desee abastecer de electricidad forman el concepto de Sistema Fotovoltaico (SFV). Los SFV son como cualquier otro sistema de generación de electricidad; su gran ventaja con respecto a los generadores convencionales (los que consumen combustibles) es que éstos no consumen combustible ni necesitan un operador para encender; sólo necesitan la luz solar. Sin embargo, los principios de operación e interfaz con otros sistemas eléctricos permanecen iguales.

Los componentes específicos de un SFV se seleccionan de acuerdo con los requerimientos funcionales y operacionales de los aparatos eléctricos que van a conectarse. Se puede incluir desde un sistema de almacenamiento electroquímico (baterías), un controlador de carga, un seguidor de máxima potencia, hasta un inversor CD-CA (corriente directa-corriente alterna) para accionar aparatos que funcionen con corriente alterna (véase figura 13).

Las baterías o acumuladores electroquímicos son indispensables cuando se desea usar la energía eléctrica a cualquier hora del día. Dado que debe vigilarse el estado de carga de la batería, se requiere de un controlador de carga. El arreglo FV se conecta al controlador y éste a la batería; así, el arreglo FV produce la electri-

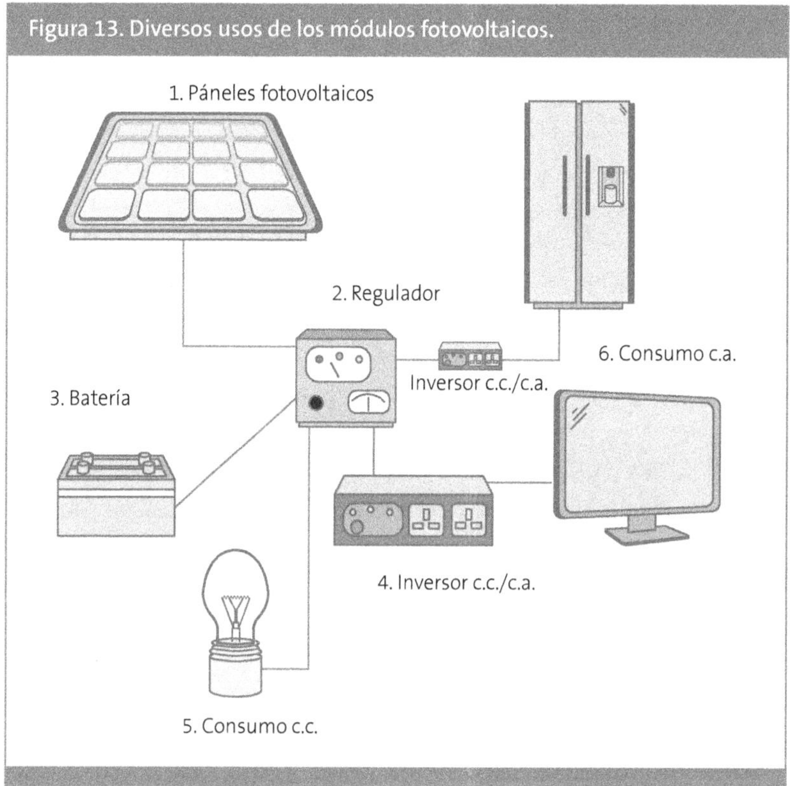

cidad durante las horas de Sol y mediante el controlador de carga la energía generada se almacena en la batería; esto permite tener energía eléctrica para abastecer cargas eléctricas (durante la noche y en periodos de clima nublado). Las baterías también son útiles para accionar las cargas eléctricas con un voltaje constante y suministrar las corrientes altas necesarias en un inversor cuando se operan aparatos de CA. Para este tipo de aplicación debe protegerse la batería de demasiada carga o demasiada descarga. Se incluye también el cableado, la protección contra descargas atmosféricas, los dispositivos para desconectar y otro equipo para procesar energía.

En este tema, aunque existen ya las aplicaciones y los productos en el mercado, todavía no puede decirse que la investigación esté concluida; tampoco cuál de las diferentes tecnologías aportará el mayor avance. Es por ello que se trabaja en los siguientes rubros:

- Celdas solares de silicio, principalmente en la reducción del costo de fabricación a través del uso de obleas muy delgadas; se buscan nuevas estructuras para las celdas y la simplificación del proceso tecnológico.
- Celdas solares de películas delgadas de materiales diferentes al silicio, con la expectativa de bajar los costos y aumentar la eficiencia; algunos ejemplos específicos son celdas solares de películas delgadas de CdTe (teluro de cadmio), CIS (cobre, indio, selenio), y materiales orgánicos.
- Aún falta estudiar los módulos solares para incrementar la vida media de los paneles fotovoltaicos, buscar nuevas alternativas de circuitos en la tecnología del módulo, desarrollar la parte mecánica y estética de éste, y su flexibilidad para el ajuste en superficies curvas.
- Se intenta aumentar la eficiencia a más de 40%, por medio de nuevas arquitecturas para las celdas, nanoestructuras que permitan mayor captación de fotones y conducción de los pares electrón-hueco generados, así como flexibilidad en su estructura. Se planea hacer celdas solares que puedan "pegarse" a cualquier superficie.
- Desarrollo de sistemas fotovoltaicos de gran escala que consideren aspectos ópticos y mecánicos.
- Desarrollo de baterías de nueva generación más eficientes y menos contaminantes.

Hasta este punto se expusieron las aplicaciones directas de la energía solar; en las siguientes secciones se discutirán las aplicaciones indirectas como biomasa, energía eólica, geotermia, hidráulica y oceánica.

Biomasa

Una de las acepciones del término biomasa es la siguiente: "materia orgánica originada en un proceso biológico, espontáneo o provocado, utilizable como fuente de energía"; es decir, materia "útil", en términos energéticos, proveniente de las plantas que transforman la energía radiante del Sol en energía química por medio de la fotosíntesis. Parte de esa energía química queda almacenada en forma de materia orgánica; la energía química de la biomasa puede recuperarse si se quema directamente o se transforma en combustible. Así, la biomasa de la madera, los residuos agrícolas y el estiércol son una fuente principal de energía; en términos energéticos puede emplearse directamente, como es el caso de la leña, o indirectamente en forma de biocombustibles (biodísel, bioalcohol, biogás, bloque sólido combustible). Pero al igual que no se considera al vino como biomasa, hay que evitar denominar biomasa a los biocombustibles (nótese que el etanol puede obtenerse del vino por destilación): el término "biomasa" alude a la materia prima empleada en la fabricación de biocombustibles.

La energía química que se almacena en las plantas, y en animales que se alimentan de plantas u otros animales, o en los desechos que producen, se conoce como bioenergía. Durante procesos de conversión como la combustión, la biomasa libera su energía, a menudo en forma de calor, y el carbón se oxida nuevamente a dióxido de carbono para restituir el que fue absorbido durante el crecimiento de la planta. Esencialmente, el uso de la biomasa para la energía es la inversa de la fotosíntesis:

$$CO_2 + 2H_2O \rightarrow ([CH_2O] + H_2O) + O_2$$

La fotosíntesis, el proceso de captación de la energía solar y su acumulación en las plantas y árboles como energía química, es un proceso bien conocido. Los carbohidratos, entre los que se encuentra la celulosa, constituyen los productos químicos primarios en el proceso de bioconversión de la energía solar. Cuando se forman los carbohidratos, cada átomo gramo de carbono (14 g) absorbe 112 kcal de energía solar. Ésta es la energía que se obtiene en parte con la combustión de la celulosa o de los combustibles obtenidos a partir de ella (gas, alcohol); es decir, la combustión sería el proceso inverso a la fotosíntesis.

En la naturaleza, toda la biomasa se descompone en sus moléculas elementales acompañada por la liberación de calor. Por lo tanto, la liberación de energía de conversión de la biomasa en energía útil imita procesos naturales, pero en un proceso dirigido y controlado por el hombre. Así, la energía obtenida de la biomasa es una forma de energía renovable, siempre y cuando se explote a una tasa menor o igual a la que se produce. Utilizar esta energía no añade dióxido de carbono al entorno ambiental, ya que las plantas aprovechan ese carbón nuevamente en la fotosíntesis; además, si la biomasa se procesa convenientemente genera diferentes biocombustibles sólidos, líquidos y gaseosos.

La biomasa puede aprovecharse en uso directo (madera, paja); así empleada sufre sólo transformaciones físicas antes de su combustión; pero también es un residuo aprovechable de otros usos: poda de árboles, restos de carpintería, etc. Es importante subrayar que un uso racional de la biomasa puede tener una aplicación inmediata en el entorno, de acuerdo con su tasa de reproducción.

Biocombustibles

Hay varias formas de clasificar los distintos biocombustibles. Quizá la más pertinente sea a través de un proceso de producción antes de que el combustible esté listo para su uso:

- **Fermentación alcohólica.** Se trata del mismo proceso utilizado para producir bebidas alcohólicas. Consiste en la fermentación anaeróbica mediante levaduras, en la que una mezcla de azúcares y agua (mosto) se transforma en una mezcla de alcohol y agua con emisión de dióxido de carbono. Para obtener etanol se lleva a cabo un proceso de destilación en el que se elimina el agua de la mezcla; en el etanol como combustible no puede emplearse el método tradicional de destilación en alambique pues se perdería más energía que la obtenida. Cuando se parte de una materia prima seca (cereales), se produce primero un mosto azucarado mediante distintos procesos de triturado, hidrólisis ácida y separación de mezclas (véase figura 14).

- **Transformación de ácidos grasos.** Aceites vegetales y grasas animales pueden transformarse en una mezcla de hidrocarburos similar al dísel a través de un complejo proceso de esterificación, eliminación de agua, transesterificación y destilación con metanol, al final del cual se obtienen como productos adicionales glicerina y jabón; el proceso se ilustra en la figura 15. Al producto obtenido de esta transformación se le conoce como biodísel.

- **Descomposición anaeróbica.** Es un proceso llevado a cabo por bacterias específicas que permite obtener metano en forma de biogás a partir de residuos orgánicos, fundamentalmente excrementos animales; a la vez se obtiene, como subproducto, abono para suelos.

Como ya se dijo, el uso directo de la biomasa como combustible no requiere mayor explicación; solamente hay que cuidar que la combustión sea completa para evitar contaminación por partículas y por monóxido de carbono. El uso de la biomasa en la producción de biogás es una de las opciones para generar combustible y energía. Generalmente el biogás se produce por fermentación anaeróbica, proceso natural que ocurre en forma espontánea en la naturaleza y forma parte del ciclo biológico. El denominado "gas de los pantanos", por ejemplo, brota en aguas estancadas, así como el gas producido en el tracto digestivo de rumiantes como los bovinos (por cierto, cuando el metano sale al aire libre es un gas invernadero que contribuye al calentamiento global); en todos estos procesos intervienen las denominadas bacterias metanogénicas. El biogás tiene como promedio un poder calorífico alrededor de las 5,000 kcal/ m^3. Se llama biogás a la mezcla constituida por metano (CH_4) en una proporción que varía de 50 a 70%, y dióxido de carbono (CO_2) (20-40%), con pequeñas proporciones de otros gases, como oxígeno (O_2) (0-2%), hidróge-

Figura 14. Procesos de fermentación alcohólica y ciclo de biocombustible.

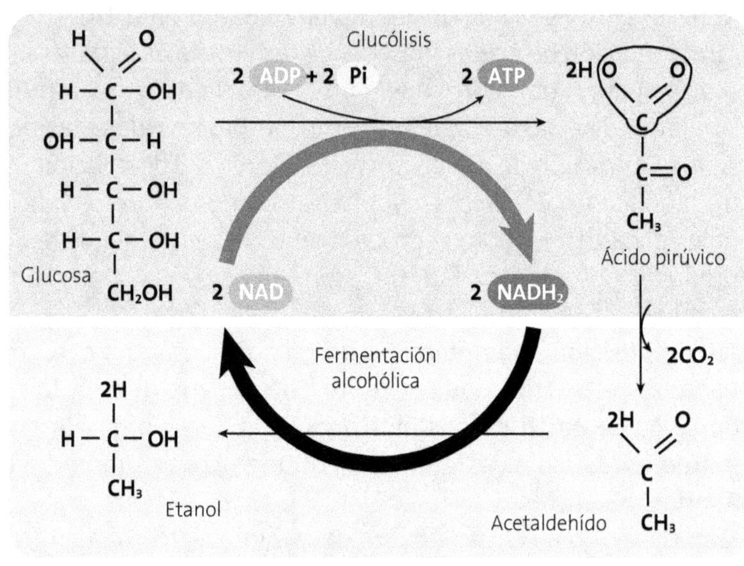
Glucólisis
H
O
H — C — OH
OH — C — H
H — C — OH
H — C — OH
Glucosa
CH₂OH
2 ADP + 2 Pi
2 ATP
2 NAD
2 NADH₂
2H
C
C=O
CH₃
Ácido pirúvico
2CO₂
Fermentación alcohólica
2H
H — C — OH
CH₃
Etanol
2H
O
C
CH₃
Acetaldehído

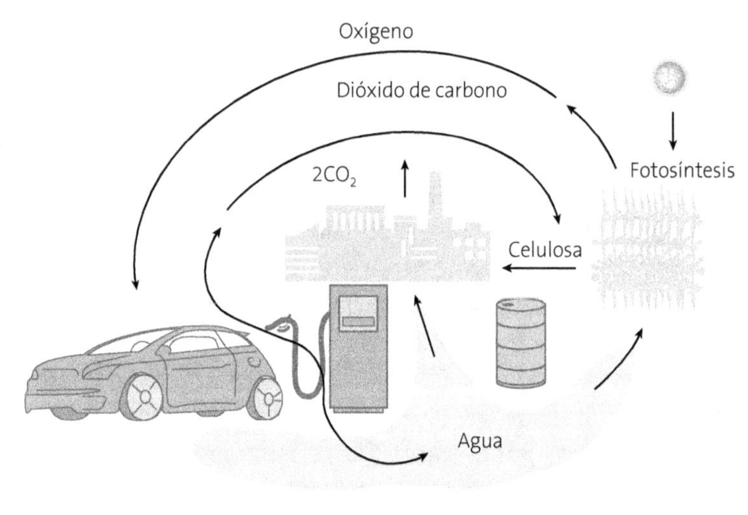
Oxígeno
Dióxido de carbono
2CO₂
Fotosíntesis
Celulosa
Agua

Figura 15. Esquema del biodiesel.

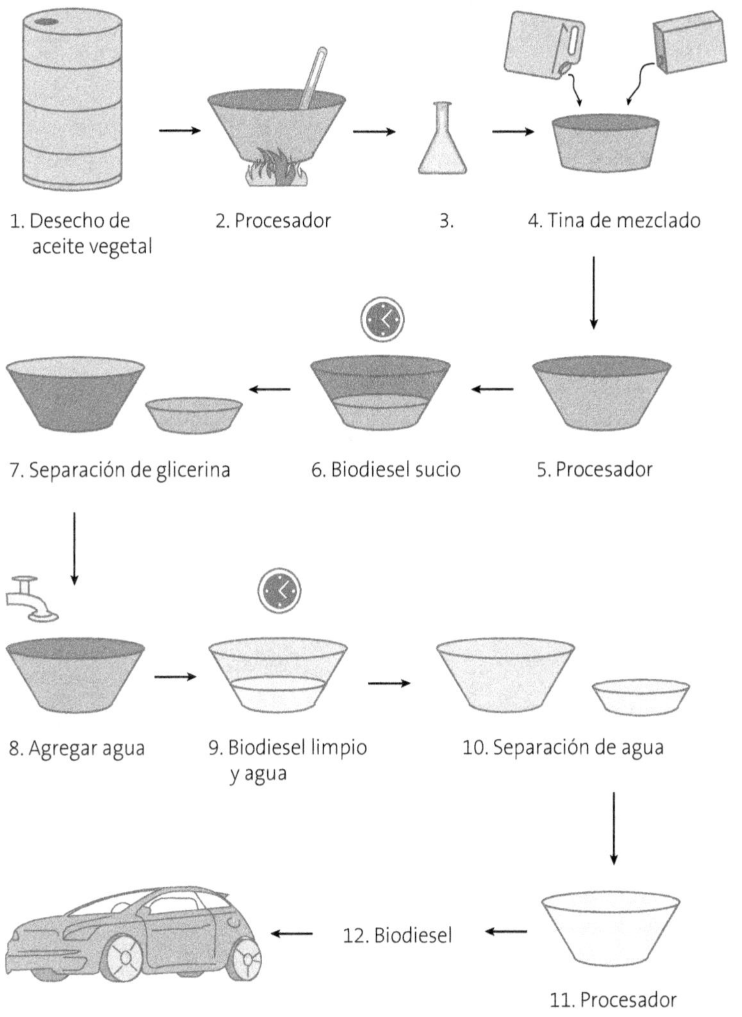

no (H$_2$), nitrógeno (N$_2$) (2-3%) y ácido sulfhídrico (H$_2$S) (0.5-2%). El biogás se produce en un biodigestor donde se coloca la biomasa que va a ser procesada en forma anaeróbica; como se ha mencionado, debido a la ausencia de oxígeno en el interior de la cámara hermética, las bacterias anaerobias contenidas en el propio estiércol comienzan a digerirlo. Primeramente se produce una fase de hidrólisis y fermentación, después una acetogénesis y por último la metanogénesis por la cual se produce metano. El biogás puede utilizarse para producir energía eléctrica mediante turbinas o plantas generadoras de gas, en hornos, estufas, secadores, calderas u otros sistemas de combustión de gas, debidamente adaptados para tal efecto. El esquema de un posible diseño de

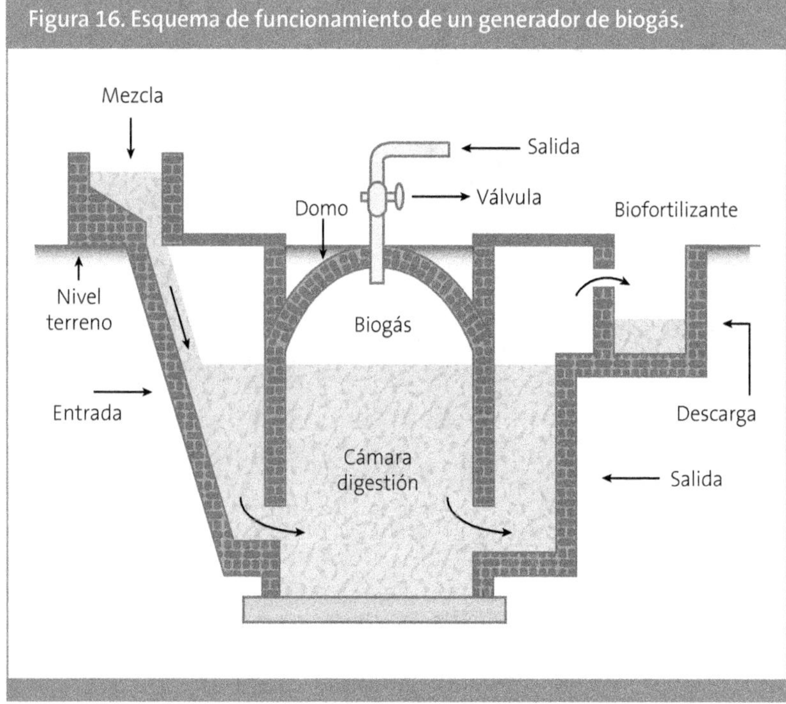

Figura 16. Esquema de funcionamiento de un generador de biogás.

sistema generador de biogás se muestra en la figura 16.

En tanto, la producción de biodísel a partir de aceites o grasas animales ya usados o de desechos es una alternativa local y que va en el camino de la sustentabilidad. Sin embargo, los costos de transporte de los desechos a las plantas de tratamiento son elevados, lo cual disminuye su viabilidad económica. Otra limitación a la sustentabilidad de este tipo de biodísel es que en el proceso de transesterificación se emplea mucha agua; de ahí la importancia de generar nuevos procesos con un enfoque de sustentabilidad en los que se comparta, social y económicamente, la responsabilidad del uso de aceites y su disposición final.

Es importante apuntar que en el caso de la biomasa la definición de fuente renovable de energía exige considerar otros aspectos. En este caso, la competencia entre el cultivo de alimentos y el cultivo para generar biocombustibles es un punto crucial. No se desea producir combustibles en lugar de alimentos para la humanidad. (Este punto será discutido con mayor profundidad en el tema de sustentabilidad.) Todavía se buscan métodos biotecnológicos para producir biocombustibles, modificando genéticamente microorganismos a fin de evitar la utilización de tierras de cultivo para la generación de biocombustibles e impedir el agotamiento de la tierra.

La biomasa puede ser uno de los grandes nichos de las energías renovables. En este tema los problemas son: a) procesos para producir combustibles derivados del carbón a partir de la biomasa; b) gasificación y preparación de materiales de desecho para su utilización en sistemas eficientes de conversión eléctrica; c) tecnologías de enlace hacia un futuro económico basado en el hidrógeno; d) investigación en aras de una descentralización (regional, municipal, comunitaria) integrada para el uso a gran escala de la biomasa; e) optimización de la agricultura combinada para la producción de alimentos y combustibles; f) desarrollo de tecnologías de enlace para diversos sistemas de conversión energética convencional hacia sistemas de conversión renovables; g) normalización de procesos en planta de biogás, así como el desarrollo de sensores para optimizar su operación; h) integración de las plantas de biogás a la estructura del abastecimiento de electricidad, además del desarrollo de microrredes urbanas para el abastecimiento de gas en el ámbito doméstico.

Esta área posiblemente sea la de mayor aceptación en el futuro inmediato, y se requiere: a) investigar los procesos para generar gas sintético a partir de la biomasa; b) purificar el gas para su uso en celdas de combustible; c) optimizar la eficiencia energética de todo el sistema; d) conocer aún más la sustentabilidad de estas plantas de combustión; e) divulgar su uso para promover la aceptación de los usuarios asegurando la inocuidad de la combustión y de los gases residuos de la misma; f) investigar sobre la generación de hidrógeno a partir de materiales generados por métodos biológicos.

La energía eólica

La concepción natural de la palabra viento se asocia con el movimiento de masas de aire que se trasladan de sitios de mayor a menor presión atmosférica. La energía eólica es la energía cinética generada por efecto de las corrientes de aire y que puede transformarse en otras formas útiles para las actividades humanas. El término eólico se deriva de Eolo, dios de los vientos en la mitología griega.

La energía eólica es un recurso abundante, renovable, limpio, y ayuda a disminuir las emisiones de gases de efecto invernadero al reemplazar termoeléctricas a base de combustibles fósiles, lo que la convierte en un tipo de energía "verde"; sin embargo, el principal inconveniente es su intermitencia.

La formación del viento se relaciona con el calentamiento no uniforme de la superficie terrestre debido a la absorción de la radiación solar, la cual transfiere el calor a las masas de aire aledañas a ésta. De la energía que la Tierra recibe del Sol, del orden de 1% se transforma en viento. En el caso de los vientos regionales y locales el proceso es el siguiente: de día, las masas de aire sobre los océanos, los mares y los lagos se mantienen frías en relación con las áreas vecinas situadas sobre las masas continentales. Los continentes absorben menos radiación solar; por lo tanto, el aire que está sobre la Tierra se calienta y se expande; se vuelve menos denso y se eleva. El aire más frío y más pesado, proveniente de los mares, océanos y grandes lagos, se pone en movimiento para ocupar el lugar dejado por el aire caliente. Hacia el final del día, cuando la Tierra y las superficies de agua se enfrían, ocurre el proceso contrario y se invierte la dirección de los vientos. Movimientos de aire similares, también en un ciclo diario, ocurren entre las montañas y los valles; es decir que el Sol también da lugar a la formación natural de esta fuente de energía.

Al igual que la energía solar, la baja densidad energética de la energía eólica por unidad de superficie demanda la instalación de un número mayor de máquinas para el aprovechamiento de los recursos disponibles. En tanto que el viento es necesario para bombear agua, la energía eólica como fuente energética libre de contaminación para generar electricidad es una opción atractiva. No hay una referencia precisa de cómo el ser humano aprendió a usar la energía del viento para producir trabajo; quizá un indicador sea la navegación por los mares con embarcaciones de velas en la Antigüedad.

En el siglo XII, tanto en Francia como en Inglaterra aparecieron los primeros sistemas mecánicos comerciales para molienda de granos llamados molinos de viento (véase figura 17). Los primeros ejemplares tenían características comunes. De la parte superior del molino sobresalía un eje horizontal; de este eje partían varias aspas de madera, con una longitud entre 3 y 9 m, las cuales se cubrían con telas o planchas de madera. La energía generada por el giro del eje se transmitía, por medio de un sistema de engranajes, a la maquinaria del molino emplazada en la base de la estructura. Los molinos de eje horizontal se usaron extensamente en Europa occidental para moler trigo desde la década de 1180 en adelante.

El descubrimiento de los alternadores o dínamos abrió la oportunidad de usar la energía del viento para producir electricidad.

Figura 17. Molino de viento.

Charles F. Brush (1849-1929) inventó un dínamo muy eficiente de corriente continua empleada en la red eléctrica pública. Su compañía, la Brush Electric, en Cleveland, desarrolló el "primer" aerogenerador en 1888, de 12 kW CD, para cargar baterías de plomo-ácido. Paul la Cour (1846-1908) es considerado el pionero en el desarrollo y puesta en marcha de las modernas turbinas eólicas generadoras de electricidad. Actualmente se han desarrollado modelos de aerogeneradores hasta el rango de varios megawatts.

Si bien existe un patrón de vientos a escala global en el planeta, este patrón no es determinante para la energía eólica, ya que su disponibilidad obedece más a las características orográficas locales. Las variaciones de la superficie terrestre tienen una influencia en el flujo de viento entre los 100 y 1,000 m de altura sobre el terreno; obviamente, la topografía es importante y los vientos tienden a fluir por encima y alrededor de las montañas y colinas. Cualquier otro obstáculo (o rugosidad) de gran tamaño sobre la superficie terrestre desacelera el flujo de aire. A manera de ejem-

Figura 18. Esquema de vientos en el día y la noche.

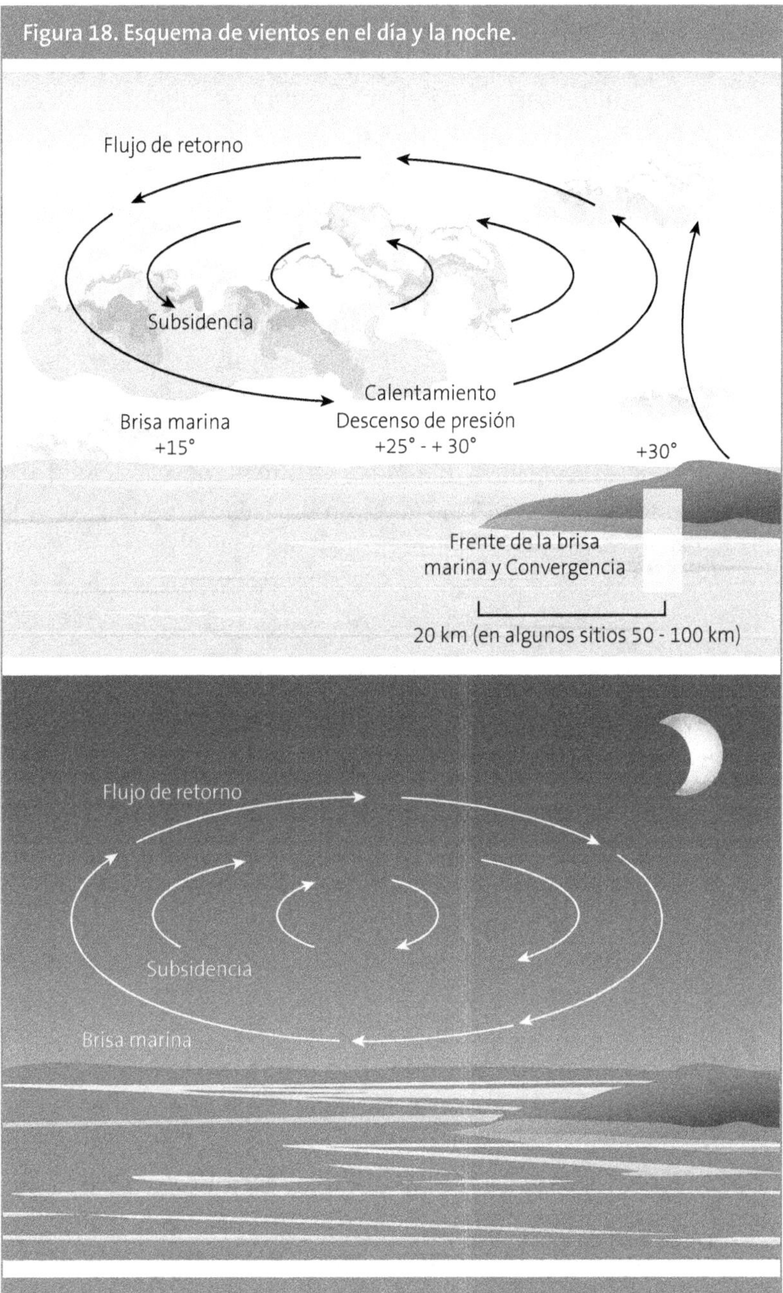
Flujo de retorno
Subsidencia
Calentamiento
Descenso de presión
+25° - +30°
Brisa marina
+15°
+30°
Frente de la brisa
marina y Convergencia
20 km (en algunos sitios 50 - 100 km)
Flujo de retorno
Subsidencia
Brisa marina

plo, la figura 18 ilustra dos tipos de vientos de escala media o de naturaleza local, como la brisa oceánica y los vientos de montaña.

Como ya dijimos, durante el día la tierra se calienta más que el agua (mares o lagos); el aire asciende y se forma así la brisa oceánica. Durante la noche, la tierra se enfría a una temperatura menor que la del agua, causando una brisa terrestre; ésta es usualmente más débil que la brisa oceánica.

En una escala micro, los vientos de superficie (entre 60 y 100 m sobre el terreno), son los más interesantes para la aplicación directa de la conversión de la energía eólica y dependen de las condiciones locales de la superficie, como son la rugosidad del terreno (vegetación, edificios) y los obstáculos.

La potencia P, que lleva una masa de aire al moverse (viento), y sopla con una velocidad V a través de un área perpendicular a la dirección de movimiento del viento, es:

$$P = \tfrac{1}{2}\rho V^3$$

En la fórmula anterior, P es la potencia del viento en watts; ρ es la densidad del aire (aproximadamente 1.2 kg/m^3); V es la velocidad del viento y está en m/s. Esta fórmula indica que la potencia teórica de un aerogenerador crece muy rápidamente con la velocidad disponible del viento. También demuestra que si en un sitio la velocidad disminuye, la potencia caerá en forma mucho más notable.

La determinación precisa del recurso eólico es una tarea difícil e incierta, especialmente cuando se compara con la energía solar o la energía hidráulica. Las razones de esto son las siguientes: hay una gran variabilidad de velocidades de viento en las diferentes regiones del mundo, desde un promedio anual de velocidad de 2 m/s hasta 4 a 7 m/s en lugares con mucho viento. Esta variación implica una mayor variabilidad en la potencia disponible, desde 40 a 200 W/m^2. Se observan en pequeñas distancias inmensas diferencias en la velocidad del viento (y por ende en potencia) debido a la cambiante topografía del terreno y su rugosidad; en pequeñas distancias la potencia eólica puede variar en un orden de magnitud.

La superficie terrestre ejerce una fuerza de rozamiento que se opone al movimiento del aire y cuyo efecto es retardar el flujo, y por consiguiente disminuir la velocidad del viento; tal efecto retardatorio de la velocidad del viento decrece en la medida en que se incrementa la altura sobre la superficie del terreno y de los obstáculos en su recorrido. Así pues, a mayor altura sobre la superficie podrá

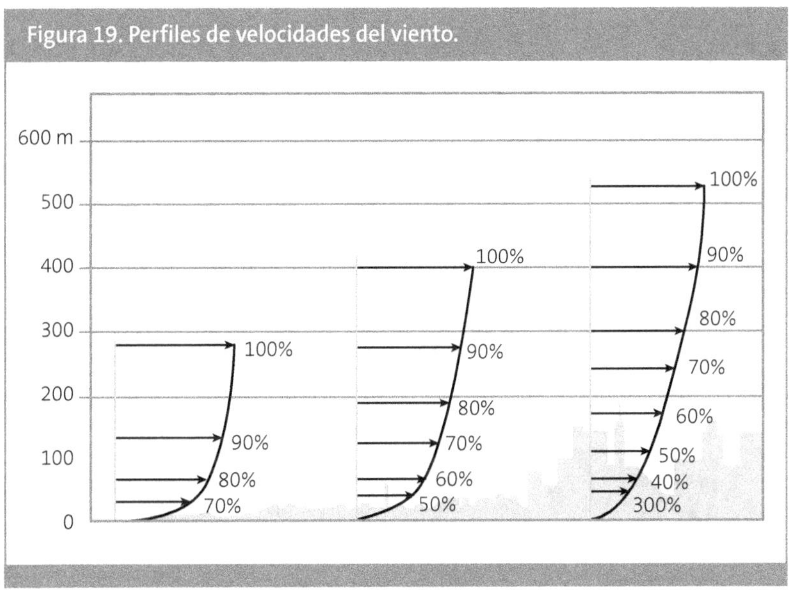

Figura 19. Perfiles de velocidades del viento.

experimentarse mayor velocidad del viento (véase figura 19).

Cuando se tiene información confiable sobre el régimen de viento en un lugar, ésta debe analizarse adecuadamente para combinarla con las características de generación de un equipo; podrá estimarse, entonces, la cantidad de energía que suministre el equipo eólico en el lugar seleccionado.

Hay dos equipos eólicos: los sistemas de conversión de energía eólica de eje horizontal y los de eje vertical. Los equipos eólicos de eje horizontal basan su principio de extracción de energía del viento en el fenómeno de sustentación que se presenta en álabes y formas aerodinámicas, tal como sucede con los perfiles en las alas de los aviones. Las figuras 20 y 21 muestran tanto los perfiles aerodinámicos para el diseño de aspas o palas en los aerogeneradores de eje horizontal, como los correspondientes para aerogeneradores de eje vertical. Algunos equipos eólicos de eje

Figura 20. Diversas aspas de generadores con eje horizontal.

Figura 21. Diversas aspas de generadores con eje vertical.

vertical basan su principio de operación en la fuerza de arrastre sobre superficies, aunque la mayoría también utiliza el principio de sustentación para la extracción de energía.

La selección de equipos eólicos horizontales o verticales es independiente de la eficiencia de conversión, ya que ambos presentan valores similares; sin embargo, vale la pena contrastar algunas ventajas y desventajas de estos sistemas. El equipo de eje vertical puede captar el viento en cualquier dirección, mientras que el equipo de eje horizontal requiere de un sistema de control para enfrentar al rotor con la dirección de viento. En los sistemas de eje vertical los subsistemas como caja de cambios, generador eléctrico, frenos, controles, pueden localizarse en la base de la torre, facilitando su mantenimiento.

La potencia de un aerogenerador depende directamente del tamaño de sus aspas; así, un rotor de 5 m de diámetro es capaz de generar del orden de 10 kW de potencia a la velocidad de diseño; mientras que un rotor de 40 m de diámetro puede generar hasta 750 kW. Existen dos opciones claras para colocar turbinas eólicas: una es en tierra y la otra en el océano.

Los problemas radican en: a) mejorar materiales para optimizar la elasticidad y reducir el ruido en los generadores; b) innovar las estrategias de control, los generadores y la electrónica de potencia; c) investigar en climatología del viento; d) optimizar la integración de los sistemas eólicos con la red eléctrica.

Energía geotérmica

La Tierra se formó a partir de una masa gaseosa que se condensó y creó un cuerpo muy caliente que se ha enfriado con el tiempo. Hoy su núcleo está compuesto de una aleación de hierro y níquel, con una temperatura mayor a 4,000° C.

La energía geotérmica es aquella que puede obtener el hombre mediante el aprovechamiento del calor del interior de la Tierra. El término geotérmico viene del griego geo, "Tierra", y thermos, "calor"; literalmente "calor de la Tierra". La energía térmica del núcleo de la Tierra en algunas regiones de la corteza terrestre emerge a través de fracturas naturales de las rocas basales o dentro de rocas sedimentarias (véase figura 22); generalmente emerge como agua caliente o vapor que fluye naturalmente hacia arriba. La energía geotérmica se obtiene por extracción del calor interno de la Tierra mediante el bombeo de agua y de vapor en áreas de aguas termales muy calientes a poca profundidad.

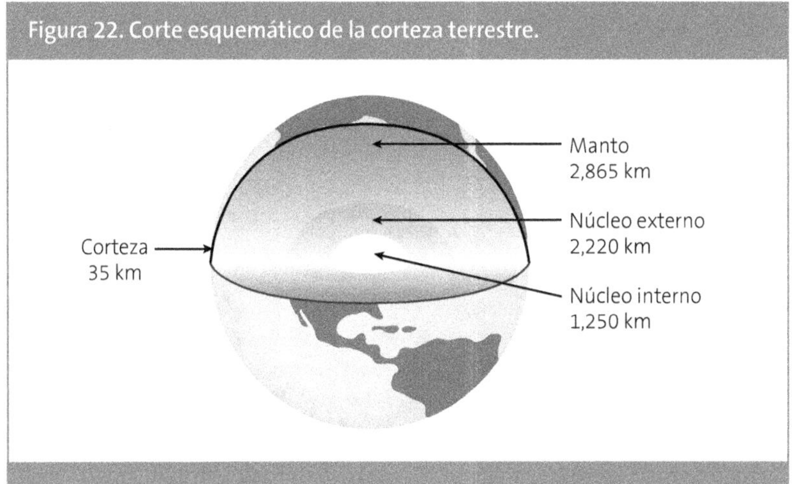

En la mayoría de los casos la explotación debe hacerse con dos pozos (o un número par de pozos); por uno se obtiene agua caliente y por el otro se vuelve a inyectar en el acuífero tras haber enfriado el caudal obtenido. Las ventajas de este sistema son múltiples: hay menos probabilidades de agotar el yacimiento térmico (véase figura 23), puesto que el agua reinyectada contiene todavía una importante cantidad de energía térmica. Tampoco se agota el agua del yacimiento, puesto que la cantidad total se mantiene. Las posibles sales o emisiones de gases disueltos en el agua no se manifiestan al circular en circuito cerrado por las conducciones, lo que evita contaminaciones. Se definen cuatro tipos de energía geotérmica de acuerdo con la temperatura a la que se pueda trabajar.

- **Energía geotérmica de alta temperatura.** La energía geotérmica de alta temperatura existe en las zonas activas de la corteza. En estos yacimientos la temperatura oscila entre 150 y 400° C; se produce vapor en la superficie y mediante una turbina se genera electricidad. Son varias las condiciones para que exista un campo geotérmico: una capa superior compuesta por una cobertura de rocas impermeables; un acuífero o depósito de

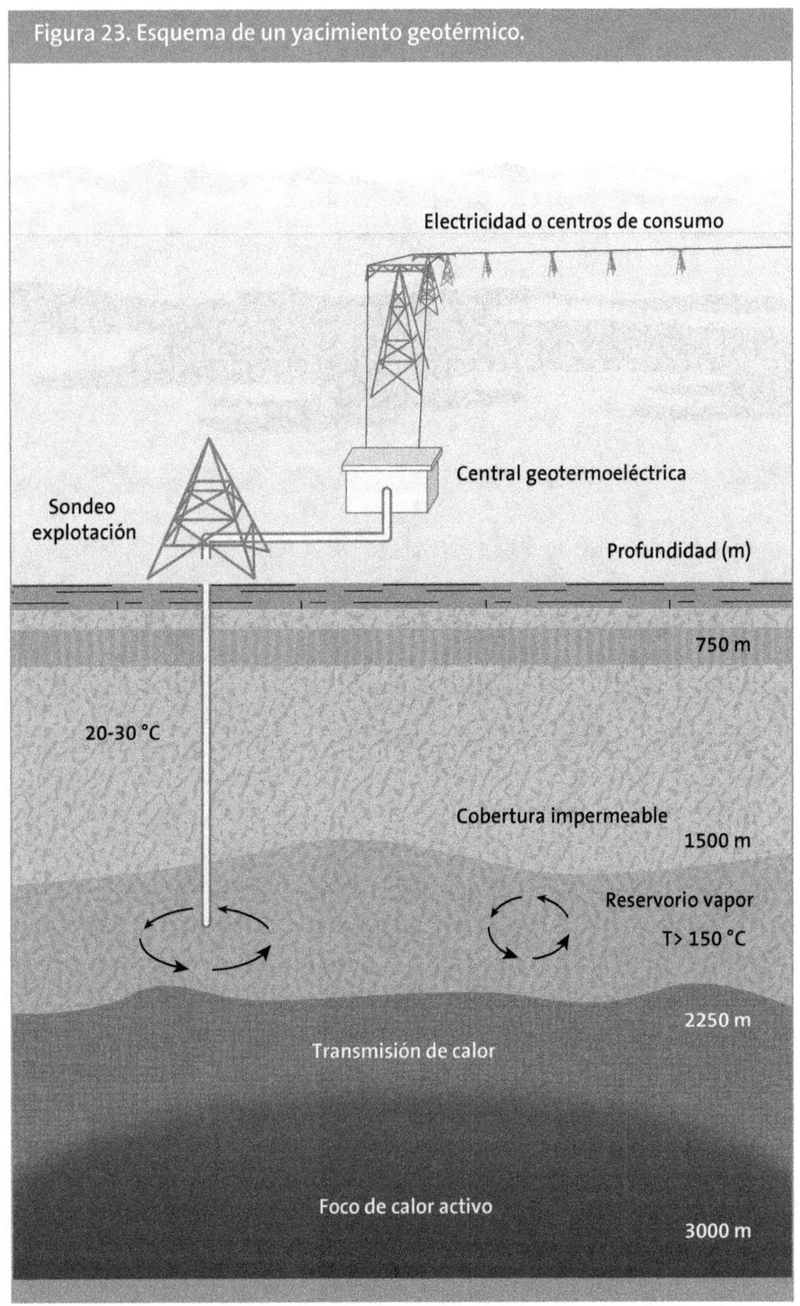

Electricidad o centros de consumo
Central geotermoeléctrica
Sondeo
explotación
Profundidad (m)
750 m
20-30 °C
Cobertura impermeable
1500 m
Reservorio vapor
T> 150 °C
2250 m
Transmisión de calor
Foco de calor activo
3000 m

permeabilidad elevada, entre 0.3 y 2 km de profundidad; suelo fracturado que permite una circulación de fluidos por convección, y por lo tanto la transferencia de calor de la fuente a la superficie, y una fuente de calor magmático, entre 3 y 15 km de profundidad, a 500-600°C. La explotación de un campo de estas características se hace por medio de perforaciones con técnicas casi idénticas a las de la extracción del petróleo.

- **Energía geotérmica de temperaturas medias.** Aquí los fluidos de los acuíferos están a temperaturas menos elevadas, normalmente entre 70 y 150°C. Por consiguiente, la conversión vapor-electricidad se realiza con un rendimiento menor y debe explotarse con ayuda de un fluido volátil. Estas fuentes permiten explotar pequeñas centrales eléctricas, pero el mejor aprovechamiento puede hacerse mediante sistemas urbanos de distribución de energía térmica para su uso en calefacción y en refrigeración, con máquinas de absorción.
- **Energía geotérmica de baja temperatura.** Es aprovechable en zonas más amplias que las anteriores; por ejemplo, en todas las cuencas sedimentarias. Se da por el gradiente geotérmico y los fluidos están a temperaturas de 50 a 70°C.
- **Energía geotérmica de muy baja temperatura.** Se clasifica como tal cuando los fluidos se calientan a temperaturas comprendidas entre 20 y 50°C. Esta energía se utiliza para necesidades domésticas, urbanas o agrícolas.

La división entre los diferentes tipos de energías geotérmicas es arbitraria; si se trata de producir electricidad con un rendimiento aceptable, la temperatura mínima fluctuará entre 120 y 180 °C, pero las fuentes de temperatura más baja serán apropiadas para los sistemas de calefacción urbana.

Los problemas más visibles en geotermia están relacionados con: a) investigación y caracterización de la geomecánica, la hidráulica y la geoquímica de zonas geotérmicas; b) desarrollo de nuevos métodos de exploración que permitan aumentar la precisión de la perforación en zonas con diferentes temperaturas; c) desarrollo de tecnologías para la conversión de la energía térmica de yacimientos geotérmicos con baja temperatura para producir electricidad.

Energía hidráulica

Se denomina energía hidráulica a la que se obtiene del aprovechamiento de las energías cinética y potencial de la corriente de los ríos y saltos de agua; esta energía proviene de una fuente renovable de energía. La energía potencial del agua de escurrimiento puede transformarse en energía útil a muy diferentes escalas. Existen desde hace siglos pequeñas explotaciones en las que la corriente de un río mueve un rotor de palas y genera un movimiento aplicado, por ejemplo, en molinos rurales; en este caso se transforma la energía potencial o cinética de la corriente de agua en energía mecánica. El uso más significativo lo constituyen las centrales hidroeléctricas de represas.

Nuevamente diremos que la energía solar es la causante de que exista esta fuente de energía renovable. Cuando el Sol calienta la Tierra, además de generar corrientes de aire hace que el agua de los océanos, principalmente, se evapore, ascienda a la atmósfera y se mueva hacia las regiones continentales montañosas para luego caer en forma de lluvia, después de su enfriamiento en estas regiones más frías. El agua de lluvia escurre y forma arroyos y ríos, agua en movimiento que se colecta y retiene en las presas a fin de almacenar energía potencial; parte del agua almacenada debe salir para mover las aspas de un generador de energía eléctrica.

Así pues, el origen de la energía hidráulica está en el ciclo hidrológico de las lluvias y, por lo tanto, en la evaporación solar y la climatología que remontan grandes cantidades de agua a zonas elevadas de los continentes alimentando los ríos; este proceso se origina, de manera primaria, por la radiación solar que recibe la Tierra. Tales características hacen que la energía hidráulica sea significativa en regiones donde hay una combinación adecuada de lluvias, desniveles geológicos y orografía favorable para la construcción de presas. La energía hidráulica es una fuente renovable de energía, limpia y de alto rendimiento energético. Su desventaja radica en la necesidad de construir un embalse o presa que supone la inundación de importantes extensiones de terreno, a veces áreas fértiles o de gran valor ecológico o histórico, así como la reubicación de algunas poblaciones.

La energía hidráulica se aprovecha fundamentalmente a través de centrales hidroeléctricas. Las dos características principales de una central hidroeléctrica, desde el punto de vista de su capacidad de generación de electricidad son:

La potencia P medida en watts, que está en función del desnivel existente entre el nivel medio del embalse y el nivel medio de las aguas debajo de la central, h, medido en metros, y del caudal máximo Q medido en m^3/s que pasa por las turbinas (además de las características de la turbina y del generador), está dada por la relación:

$$P = 9.81Qh$$

La energía garantizada en un lapso determinado, generalmente un año, depende del volumen útil del embalse y de la potencia instalada. La potencia de una central hidroeléctrica puede variar desde unos pocos MW (megawatts), como en el caso de las minicentrales hidroeléctricas, hasta decenas de miles. Una central hidroeléctrica reversible es aquella que además de transformar la energía potencial del agua en electricidad tiene la capacidad de hacerlo a la inversa, es decir, aumentando la energía potencial del agua (por ejemplo, subiéndola a un embalse) mediante el consumo de energía eléctrica (electricidad de almacenamiento por bombas); de esta manera, se utiliza como un método de almacenamiento de energía (una especie de batería gigante). Éstas centrales hidroeléctricas están concebidas para satisfacer la demanda energética en horas pico y almacenar energía en horas valle (véase figura 24).

Aunque lo habitual es que estas centrales bombeen el agua entre dos embalses a distinta altura, existe un caso particular lla-

Figura 24. Esquema de una presa hidroeléctrica.

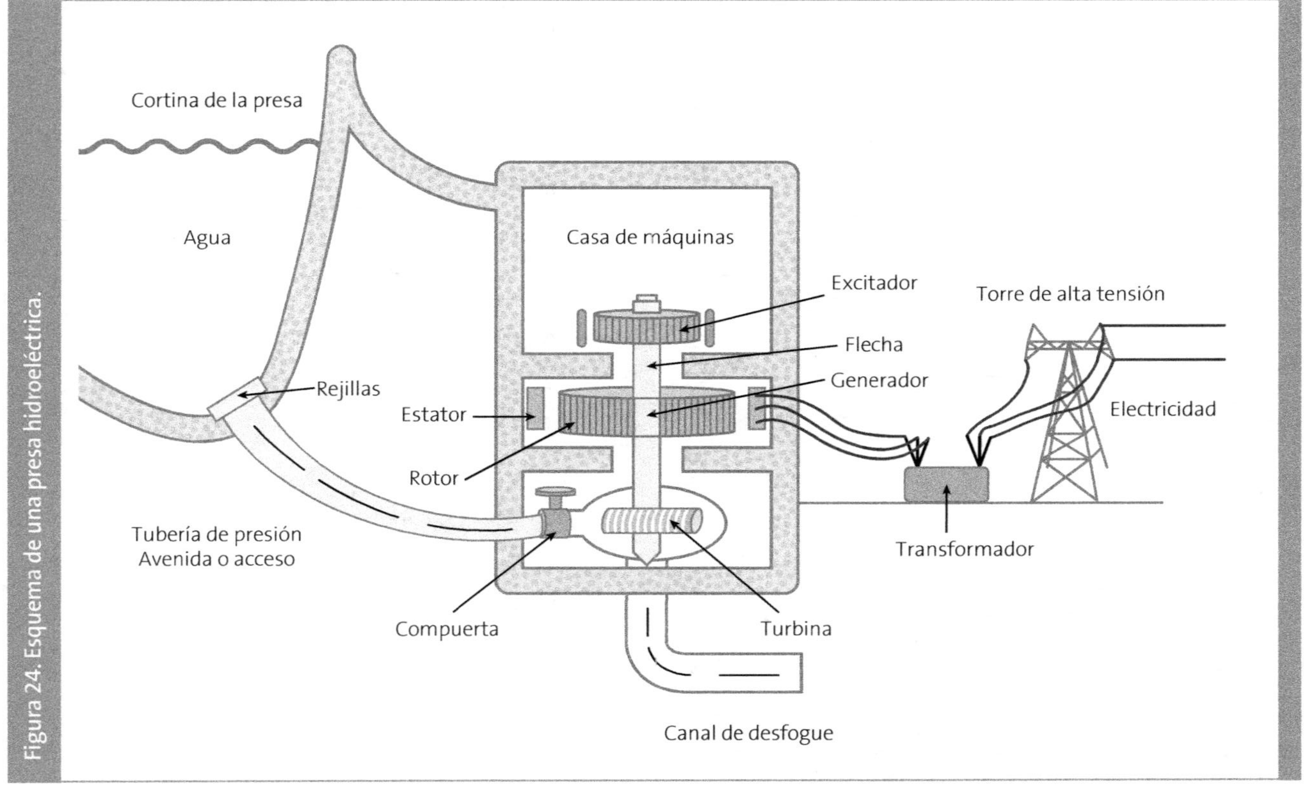

Cortina de la presa
Agua
Rejillas
Tubería de presión
Avenida o acceso
Compuerta
Estator
Rotor
Casa de máquinas
Excitador
Flecha
Generador
Turbina
Canal de desfogue
Transformador
Torre de alta tensión
Electricidad

mado centrales de bombeo puro, donde el embalse superior se sustituye por un gran depósito cuya única aportación de agua es la que se bombea del embalse inferior.

Recientemente se han construido centrales minihidroeléctricas mucho más respetuosas con el ambiente, que se benefician de los progresos tecnológicos y que han logrado un rendimiento y una viabilidad económica razonables. Una central minihidráulica o minihidroeléctrica tiene una capacidad de generación de energía eléctrica menor a los 10 MW, a partir de la energía potencial o cinética del agua, La energía minihidráulica se considera un tipo de energía renovable. Las centrales minihidráulicas se han utilizado durante mucho tiempo por su tamaño pequeño y, por su precio y facilidad de instalación, suelen usarse localmente o de forma privada. Éstas pueden construirse a la par de pequeños desarrollos para controlar el flujo en caudales reducidos, produciendo un ingreso adicional al generar electricidad. Actualmente los conceptos de central microhidráulica y picohidráulica se aplican a centrales con capacidad de generación menor a 100 kW y 5 kW, respectivamente. Su potencia es menor, pero también sus implicaciones negativas ambientales y sociales.

Un punto que requiere mayor investigación se relaciona con la tecnología del propio sistema eléctrico y su administración; es urgente desarrollar tecnologías para la integración de las fluctuantes y plantas de generación eléctrica descentralizadas basadas en energías renovables.

Energía oceánica

Con este nombre se designa a la fuente renovable de energía proveniente de los diferentes movimientos que presenta el agua en mares y océanos. Se distinguen tres tipos de movimientos: mareas, corrientes oceánicas y olas. Cada uno obedece a efectos diferentes.

La energía mareomotriz ocurre por las mareas, cuyo origen está en las fuerzas gravitatorias entre la Luna, la Tierra y el Sol, es decir, la diferencia que se presenta en la altura media de los océanos según la posición relativa entre los tres astros. La diferencia de altura del nivel del mar en la costa puede aprovecharse en lugares estratégicos como los golfos, bahías o estuarios, por medio de turbinas hidráulicas que aprovechan el movimiento natural de las aguas para mover sus ejes y producir electricidad al acoplarse a un alternador. Las mareas se originan fundamentalmente por la atracción gravitacional de la Luna sobre las aguas de los océanos (véase figura 25); el Sol también influye, aunque en menor proporción, en el fenómeno de atracción (véase figura 26). Así pues, la marea es el cambio periódico del nivel del mar, producido principalmente por las fuerzas gravitacionales que ejercen la Luna y el Sol. En alta mar la amplitud de las mareas es del orden de 1 m, pero en las costas puede ser del orden de 10 m. La variación de la presión atmosféri-

Figura 25. Esquema de la marea lunar.

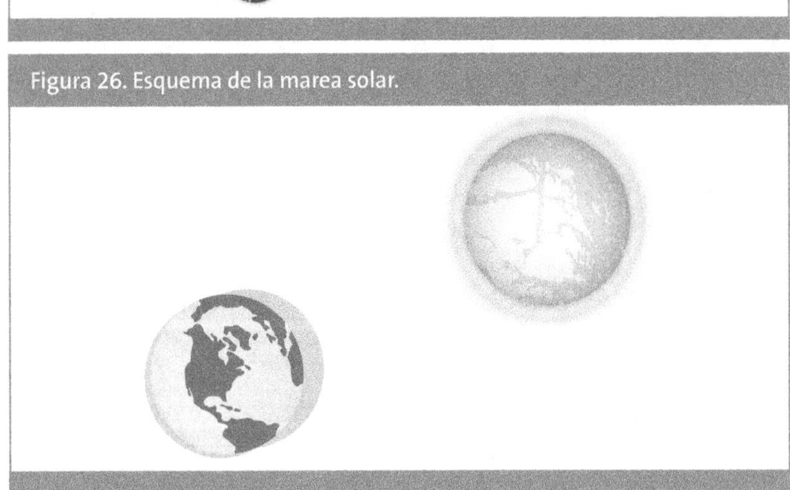

Figura 26. Esquema de la marea solar.

ca también es un efecto que debe tomarse en cuenta. La presión atmosférica varía cotidianamente entre 99 y 104 kilopascales (kP) y aún más en determinadas ocasiones. Una variación de la presión de 0.1 kP provoca una variación de 1 cm en el nivel del océano, así que la variación del nivel del mar por la presión atmosférica es del orden de 50 cm. Algunos llaman a estas variaciones mareas barométricas. Como se ve, ninguno de estos fenómenos —gravitacional y barométrico— puede explicar una marea de varios metros como la que ocurre en las costas. La razón es la resonancia de la capa de agua situada sobre la plataforma continental y su entrada a alguna bahía, golfo o estuario. Cuando el nivel del mar aumenta en alta mar, el agua entra en estas formaciones. Como afuera la extensión del mar es grande y la profundidad de los golfos, bahías o estuarios es pequeña, la velocidad del agua y el frente del borde del mar aumentan gradualmente; de manera que alcanzar la velocidad máxima toma su tiempo, así como detenerse, una vez que el nivel del mar en alta mar ha iniciado su descenso. Es decir, cuando el agua empieza su viaje hacia adentro de estas formaciones, continúa avanzando; así transcurre un determinado tiempo hasta detenerse e invertir su dirección. Los efectos de embudo pueden aumentar la amplitud de la marea, y por eso se observan mareas en las costas con amplitudes de unos 10 m; por ejemplo, en la región de Puerto Peñasco en el Golfo de California es de aproximadamente 8 m. El comportamiento oscilatorio se debe a la inercia y al retardo de la capa de agua para responder a las excitaciones tanto gravitacionales como barométricas (la variación de altura del océano más allá del talud continental).

Otra forma de fuente oceánica de energía, también llamada energía térmica oceánica, son las corrientes. Una corriente oceánica es un movimiento de traslación de una masa de agua determinada de los océanos y de los mares. Generalmente se originan por la diferencia de densidad del agua, que es mayor cuanto más fría o salada sea, y tiende a hundirse para dar lugar a una circulación termosalina condicionada por la diferencia de temperatura o salinidad en el sentido radial de la Tierra. Este movimiento tiende a disminuir los gradientes de tal forma que el agua con mayor densidad baja y la de menor densidad sube, provocando el afloramiento del agua más profunda. La estructura de las corrientes oceánicas a escala global es tridimensional, con movimientos horizontales en los que el viento y el movimiento de rotación de la Tierra desempeñan papeles importantes. Las corrientes superficiales, en observación y estudio desde hace siglos, están por lo tanto ligadas a varios fenómenos simultáneos: térmicos, de concentración salina, de patrones de vientos y del movimiento de la Tierra, el llamado efecto Coriolis.

Para tener una idea de las temperaturas de las aguas oceánicas, se mencionan algunos ejemplos: la temperatura promedio del océano es de aproximadamente 17.5°C, la temperatura máxima es de 36°C en el Mar Rojo, y la mínima es de −2°C en el Mar de Weddell en la Antártida.

La salinidad de la superficie del agua depende mayormente de la evaporación y la precipitación. En zonas tropicales donde la evaporación es mayor que la precipitación se encuentra agua de mayor salinidad (>3.5%). En las regiones costeras, el agua dulce desemboca cerca de las bocas de los ríos y la salinidad generalmente no excede de 1.5-2.0%. En las zonas de los polos, el proceso de congelamiento y derretimiento de los hielos ejerce mayor influencia sobre la salinidad de las aguas superficiales. En el verano del Ártico hay salinidades más bajas (aproximadamente 2.9%).

Como se mencionó, en conjunto, la temperatura y la salinidad afectan la densidad del agua; a su vez, la densidad afecta muchos otros parámetros como los procesos de mezcla de las diferentes masas de agua. Las corrientes oceánicas son verdaderos ríos que avanzan entre orillas constituidas por agua, y su velocidad es suficiente para dejar sentir su influjo en la navegación, semejante a la de un amplio río de escasa pendiente, pues rara vez la velocidad rebasa 1 m/s y sólo en pasos estrechos.

Dado que las corrientes oceánicas se parecen a los ríos, aprovecharlas para mover las aspas de generadores similares a los eólicos puede ser una forma de uso renovable de energía. Tales generadores de electricidad se colocarían en las entradas a las bahías donde la intensidad de las corrientes oceánicas se vea ampliada.

El movimiento más notorio y cotidiano de las aguas oceánicas son las olas, producidas fundamentalmente por la interacción de la masa de agua con el aire en movimiento, es decir el viento. En zonas no costeras, el movimiento de subir y bajar de un punto en la interfaz entre el agua y el aire puede utilizarse para mover a su vez un generador; por ejemplo, mediante un aparato anclado al fondo y con una boya unida a él con un cable: la boya, al moverse, mueve al mismo tiempo al generador. Una variante sería colocar la maquinaria en tierra y las boyas dentro de un pozo comunicado con el mar. Otro sistema podría consistir en un aparato flotante de partes articuladas que obtenga energía del movimiento relativo entre sus partes, o bien, un pozo con la parte superior hermética y la inferior comunicada con el mar de tal manera que en la parte superior haya una pequeña abertura por la que salga el aire expulsado por las olas. El aire moverá una turbina, que es la que genera la electricidad. Éstas son algunas de las posibles variantes de sistemas para generar energía con el movimiento de las olas.

Las diferencias de temperatura de las aguas oceánicas obedecen a la radiación del Sol, es decir a la fuente de energía. La energía oceánica continúa en el terreno de la investigación y evoluciona favorablemente; con frecuencia surgen mejoras tecnológicas importantes ante el panorama energético.

En comparación con el resto de las tecnologías que se han discutido en este apartado, ésta todavía exige mayor esfuerzo; en México, por ejemplo, su aplicación sería sumamente útil. Los conceptos aquí vertidos son solamente ideas que es preciso materializar a fin de obtener eficiencias rentables.

El hidrógeno como combustible

El hidrógeno es un elemento químico con un número atómico de 1. En condiciones normales de presión y temperatura, es un gas diatómico (H_2) incoloro, inodoro, insípido, no metálico y altamente inflamable. Con una masa atómica de 1.00794 uam, el hidrógeno es el elemento químico más ligero y es, también, el más abundante: constituye aproximadamente 75% de la materia del Universo. Una economía de hidrógeno es un modelo económico que puede ser sustentable y en el cual la energía, para usos móviles y eliminación de las oscilaciones provocadas por la variabilidad de la mayoría de las fuentes renovables, se almacena como hidrógeno. Es decir, el hidrógeno se ha propuesto como reemplazo para la gasolina y los combustibles diésel utilizados actualmente en automóviles. La razón es muy simple: cuando se quema hidrógeno se produce agua, y el agua no contamina ni cambia la composición de la atmósfera como lo hacen los actuales combustibles (gasolina, carbón, gas). Es posible producir hidrógeno con electrólisis asistida por una celda fotovoltaica o mediante un calentamiento muy intenso del agua, de tal forma que se rompa la molécula en hidrógeno y oxígeno; pero el problema no radica tanto en la producción como en el almacenamiento del hidrógeno, que es altamente explosivo.

En suma, el hidrógeno es un combustible, no una fuente de energía. Este aspecto debe quedar claro. Se puede producir hidrógeno a partir de alguna otra fuente primaria o secundaria de energía, y así almacenar energía, pero en sí mismo no es una fuente de energía. Por otro lado, aunque la combustión del hidrógeno es amigable con el ambiente, como ya se mencionó, el carácter de sustentabilidad asociado con el hidrógeno como vector energético descansa totalmente en la forma en que se produce. Si se produce hidrógeno a través del uso de una fuente primaria de energía no renovable, entonces diremos que el uso de ese hidrógeno como combustible se considera también no renovable. En cambio, si se usa una fuente primaria de energía renovable, por ejemplo energía solar, se concluye que la combustión de este hidrógeno es renovable y podría llegar a ser sustentable.

Es claro que para usar el hidrógeno como combustible deberán hacerse algunos cambios en los actuales motores o máquinas de combustión interna, y esas modificaciones están dentro de las posibilidades técnicas actuales.

Existe una nueva forma de usar el hidrógeno para producir directamente electricidad. La celda de combustible, también llamada pila de combustible, es un dispositivo electroquímico de conversión de energía química a energía eléctrica. Esta forma de conversión de energía es similar a una batería, pero a diferencia de esta última, la celda de combustible está diseñada para permitir el reabastecimiento continuo de los reactivos consumidos; es decir, produce electricidad de una fuente externa de combustible y de oxígeno en contraposición a la capacidad limitada de almacenamiento de energía que posee una batería. Además, los electrodos en una batería reaccionan y sufren transformaciones químicas durante su operación, y cambian si está cargada o descargada; en cambio, en una celda de combustible los electrodos son catalíticos y relativamente estables, lo que implica una mayor duración y una menor producción de desechos al final de su operación, en comparación con las baterías o pilas actuales (véase figura 27).

Algunas reflexiones sobre fuentes de energía y sustentabilidad

Gracias a la energía que proviene del Sol todas las masas de agua, en especial el mar, absorben en su superficie dicha energía, se calientan y producen el ciclo evaporación-condensación. Con este ciclo se han formado lagunas y ríos, los cuales acumulan energía hidráulica potencial que se transforma en energía cinética cuando dichas aguas regresan al nivel del mar. Las masas de aire se calientan y producen los vientos que mueven los molinos eólicos.

Los vegetales, gracias a la absorción de la energía solar, cumplen su ciclo de vida, y son sus desperdicios material combustible disponible para producir energía calorífica. Los desechos biológicos y las transformaciones ocurridas en nuestro planeta hace millones de años facilitaron la formación de grandes yacimientos de

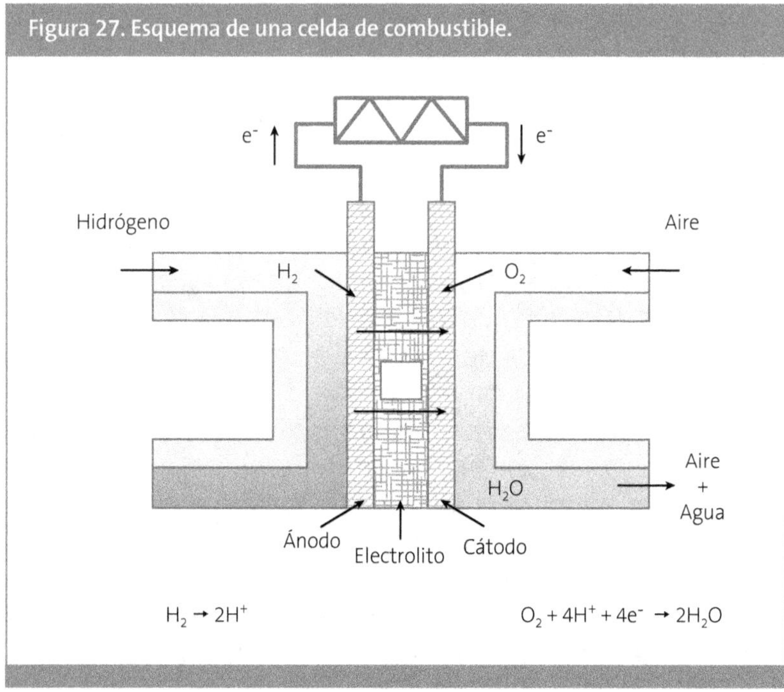

material combustible a los que se les ha denominado fuentes de energía fósiles. Así, la energía solar es el origen de las otras fuentes de energía mencionadas. De todas estas fuentes de energía la primera es, pues, la solar, la que nos llega del Sol, permite la vida en este planeta y se ha transformado para manifestarse en las otras fuentes (véase figura 28).

Es necesario insistir en que algunas fuentes de energía consideradas como renovables lo serán mientras se haga un uso racional de ellas. Por ejemplo, la biomasa puede ser un recurso no renovable si su tasa de explotación excede su tasa de producción. Veamos este punto con un ejemplo: una hipótesis para explicar la caída de ciudades Estado en la Antigüedad radica en la sobreexplotación de los recursos energéticos de la biomasa de los alrededores; tal hipótesis parece aplicarse a una ciudad históricamente

Figura 28. Cocedor solar.

conocida y admirada: Teotihuacan, donde la sobreexplotación de los bosques agotó la fuente de energía. Otras catástrofes asociadas al agotamiento de algún recurso energético que originó el colapso o la limitación en las civilizaciones fueron: a) la extinción de los grandes mamíferos en el continente americano en tiempos prehistóricos (en este continente no hubo la posibilidad de domesticarlos y obtener energía animal capaz de acrecentar la producción de bienes y servicios como sucedió en el continente euroasiático), y b) el colapso de la civilización maya clásica, asociado al agotamiento de los recursos naturales y energéticos. Tales ejemplos muestran que las sociedades deben planificar a muy largo plazo el manejo racional y eficiente de sus recursos naturales para evitar agotarlos.

Por otro lado, tengamos presente que toda fuente de energía exige tecnologías adecuadas al entorno en el que se aplicarán, que aseguren un desarrollo sustentable en concordancia con el medio físico, biológico y social particular. A fin de lograrlo es indispensable una investigación básica acoplada a un desarrollo tecnológico flexible y que tome en cuenta las características sociales y económicas de donde se aplicará la solución técnica. Estos aspectos serán discutidos y profundizados en el capítulo 4.

3

Aplicaciones de las fuentes renovables en la arquitectura

La arquitectura y su interacción con el entorno natural

La raza humana, al igual que los animales, encuentra numerosas dificultades y limitaciones para adaptarse a su entorno. Los seres humanos cuentan con una flexibilidad y capacidad física de adaptación relativamente débil comparada con la de los animales, que poseen defensas naturales para un amplio espectro de climas desfavorables. Desde Aristóteles hasta Montesquieu, en numerosos estudios se creía que el clima producía ciertos efectos en el temperamento y en la fisiología humana. Estudios relativamente recientes han centrado su interés en la relación entre la energía humana y el ambiente. Otros han planteado la hipótesis de que el tipo de clima, junto con la herencia racial y el desarrollo cultural, constituyen los principales factores que determinan las condiciones de la civilización. El investigador contemporáneo Julian Huxley relaciona la historia humana con el clima, analizando las coincidencias entre las primeras civilizaciones con periodos húmedos y de sequía. Según su teoría, los efectos biológicos y económicos originados por los cambios climáticos mantienen el equilibrio de las poblaciones. Cuando ocurren alteraciones se producen migraciones y con ello guerras y un enriquecedor intercambio de ideas, necesario para un rápido avance de la civilización.

La inventiva le ha permitido al hombre desafiar los rigores ambientales: el fuego para calentarse y las pieles para cubrirse. El refugio se convirtió en la defensa más elaborada contra un clima hostil; a medida que evolucionaba el refugio se acumulaban experiencias que con ingenio se diversificaban para afrontar los retos de una gran variedad de climas.

Los antiguos reconocían que la adaptación era un principio esencial de la arquitectura. En su obra *De Architectura* (23 y 27 a. C.) Vitruvio señaló: "El estilo de los edificios debe ser manifiestamente diferente en Egipto que en España, en Pontus y en Roma, y en países y regiones de características diferentes."

Hay grandes diferencias entre los climas del mundo. Tales variaciones obedecen a múltiples factores combinados como los siguientes: latitud, altitud, cercanía al mar, corrientes oceánicas, etcétera. A grandes rasgos se presentan climas cálido-húmedos en la franja cercana al ecuador, climas desérticos cercanos a los paralelos de 30°, climas fríos y polares a altas latitudes y elevadas altitudes, y a latitudes intermedias climas templados. Ésta es una zonificación extremadamente general, pero nos ayuda a clasificar grandes grupos de climas en correspondencia con determinadas regiones donde se asientan grupos étnicos con determinadas costumbres.

El entorno climático influye directamente en la arquitectura, y la adaptación de ésta al clima se considera uno de los más valiosos avances en la evolución de la edificación. Esto se comprueba al comparar los diversos estilos de vivienda desarrollados por grupos étnicos similares establecidos en variadas regiones climáticas. Tal es el caso, por ejemplo, de los tipos de vivienda que desarrollaron las oleadas migratorias que cruzaron el estrecho de Bering y establecieron sus poblados a lo largo del continente americano.

El principal objetivo de todo constructor ha sido siempre la búsqueda de las condiciones óptimas de confort térmico y de otra índole. La tipología constructiva está más definida por las condiciones climáticas que por las fronteras territoriales. Aun con variaciones, producto de la tradición o de las preferencias locales,

Figura 29. Vivienda en la costa del Pacífico, México, de clima cálido húmedo.

puede afirmarse que la forma general de la vivienda autóctona nace de su relación con el entorno. En muchos casos, las viviendas actuales —sobre todo las espontáneas— recuperan las tipologías constructivas primitivas que les permiten adaptarse al ambiente.

A grandes rasgos pueden identificarse ciertas características de las construcciones en diferentes climas. En las grandes selvas de la zona ecuatorial y las sabanas tropicales de clima cálido-húmedo, el problema básico consiste en escapar de la excesiva radiación solar y mitigar la humedad a través de la ventilación. Los asentamientos se ubican de modo que permitan el paso del viento y pueda aprovecharse la vegetación para darles sombra. También se construyen viviendas elevadas para posibilitar la ventilación por la parte de abajo. Las estructuras y construcciones son de madera y material vegetal, con poca capacidad para acumular calor, muy abiertas a la ventilación y provistas de grandes tejados que dan sombra y protegen de la lluvia a la vivienda y a los espacios exteriores.

Para las tribus asentadas en zonas gélidas era esencial conservar el calor, por lo que los refugios adoptaron una forma muy compacta con un mínimo de exposición superficial al clima. El iglú es una solución muy conocida para estas circunstancias extremas. Su forma semiesférica desvía los vientos fríos y aprovecha el aislamiento térmico del hielo o la nieve, y su única abertura, el túnel de entrada, se orienta convenientemente hacia la dirección contraria a los vientos dominantes.

En las zonas frías y boscosas del norte del planeta y en las regiones montañosas se agrupan las viviendas con estructura pesada hecha a base de leños, pocas aberturas para minimizar las pérdidas de calor y una cubierta también de madera con poca inclinación para que la nieve actúe como aislante.

Figura 30. Vivienda en los Alpes Suizos, de clima frío.

En las zonas de latitud intermedia y clima templado más favorable hay menos condicionantes térmicos para las viviendas, pero a su vez se necesita más flexibilidad debido a la variabilidad del clima a lo largo del año. Las paredes suelen estar hechas de adobe y las cubiertas de paja, o bien, según la región, se levantan tiendas hechas con pieles.

En las regiones áridas, estepas y desiertos, regiones de calor extremo, el clima imprime fuertes condicionantes a las viviendas. Sus pobladores construyen refugios que reducen la entrada del calor y proporcionan sombra; se trata de estructuras comunita-

Figura 31. Vivienda de adobe con cubierta de material vegetal con influencia colonial española de clima templado.

rias adosadas para minimizar la superficie de exposición con el medio y brindarse sombra mutua. La ventilación e iluminación proviene de patios interiores que posibilitan el control de su microclima. Las formas son compactas y cuentan (como en los climas fríos extremos) con pocas y pequeñas aberturas. Los muros se construyen con piedra o arcilla cocida, soportando una cubierta plana, en muchos casos con aislamiento de tierra. Otra estrategia es la construcción de viviendas semienterradas, ya sea en tierra o en roca, en las laderas de las montañas.

Figura 32. Ciudad de Gardaïa, Argelia, de clima desértico.

En Latinoamérica, a pesar de que la mayor parte de su territorio se sitúa entre los trópicos, existen prácticamente todos los climas mencionados. En muchos casos la vivienda indígena se vio influida por las numerosas migraciones europeas que trataron de adaptar sus tradiciones constructivas al clima local; un ejemplo son las viviendas tradicionales mediterránea y andaluza, con patio interior rodeado de pórticos y muros de adobe, muy común en México. Las viviendas tradicionales italianas y alemanas, entre otras, se adaptaron mejor a los climas templados y fríos como los de Chile, Argentina y sur de Brasil.

Las viviendas autóctonas, influidas por las migraciones, evolucionaron a lo largo del tiempo, se adaptaron a nuevos requerimientos de los usuarios, se transformaron por motivos sociales y funcionales, y en algunos casos, incluyeron otros materiales. Poco a poco, a lo largo del tiempo, incorporaron instalaciones como agua potable, drenaje y electricidad.

En el siglo XIX la cultura occidental descubrió el poder y la utilidad de las máquinas. Inicialmente los procesos industriales, y a continuación la arquitectura, evolucionaron desde los conceptos artesanales hacia formas mucho más rígidas y menos relacionadas con la naturaleza. La civilización, que inicialmente se defiende y protege del medio natural, pasa a la cultura de la maquinaria y la tecnología más elaboradas para explotar el entorno.

Los pensadores e intelectuales de aquella época de cambios veían con optimismo el futuro. Entusiasmados por las nuevas posibilidades técnicas elaboraban utópicas teorías sociales y económicas. Pero no todos los entornos sociales ni todas las profesiones se mostraron igualmente convencidos. Muchos médicos denunciaron los problemas higiénicos y enfermedades que comenzó a sufrir la nueva sociedad industrial.

Durante el siglo XIX exploradores, geógrafos, naturalistas y científicos recorrieron tierras todavía desconocidas y demostraron el poder de la raza humana occidental ampliando los dominios de las sociedades "tecnificadas", hasta que en siglo XX se descubrió que el planeta, tal cual lo conocemos, no perduraría debido a la creciente degradación del entorno, resultado en gran parte de la descontrolada explotación de la naturaleza y las actividades económicas y de consumo poco responsables.

Mientras tanto, los arquitectos del siglo XIX diseñaban edificios cada vez menos relacionados con el entorno y las energías naturales, y más dependientes de la abundante disponibilidad de combustibles fósiles que facilitaban el confort térmico. Asimismo, a lo largo del siglo XX se construyó una gran variedad de formas vacías repletas de sistemas artificiales escondidos que permitieron, sin importar las características de la arquitectura ni del clima y no siempre con éxito, hacer habitables los edificios.

Por otro lado, la arquitectura pasó de ser materia estática a energía y movimiento debido a las instalaciones y sistemas incorporados a los edificios que favorecieron el transporte mecánico de personas, bienes y flujos energéticos. Este proceso evolucionó y culminó, a finales del siglo XX y principios del XXI, con la exaltación de la arquitectura de alta tecnología, en la que parece que la exhibición de todas las instalaciones mecánicas y electrónicas, así como un alto consumo de energía, otorga a los edificios un valor agregado.

La dispersión de la población y el desarrollo de las comunidades actuales han acelerado sin duda el proceso de intercambio de ideas y tecnologías. Hoy en día es frecuente que tipologías de edificios y elementos constructivos se utilicen en diferentes entornos sin tener en cuenta sus efectos en el confort humano. Podrían citarse numerosas consecuencias de esta inútil uniformidad facilitada por la globalización, como por ejemplo el excesivo consumo de energía para climatización. Consecuencias de este y otros hábitos de consumo inadecuados son el cambio climático global, sequías e inundaciones, contaminación, daño a los ecosistemas y deterioro de la calidad de vida, sobre todo en las ciudades. Probablemente la influencia más decisiva es la proveniente de la disponibilidad de avances tecnológicos y combustibles que permiten calentar o

Figura 33. El Centro Pompidou, en París, Francia, exhibe sus instalaciones en la fachada.

refrigerar edificios casi bajo cualquier circunstancia. Un ejemplo claro es el desarrollo Las Vegas, una ciudad en pleno desierto.

La valiosa intuición en el uso de los materiales autóctonos y elementos constructivos regionales puede perderse y desaprovecharse cuando se desechan las tradiciones propias. El proceso lógico sería trabajar en concordancia con los fenómenos de la naturaleza y no en su contra, valiéndonos de sus potencialidades para crear las condiciones de vida adecuadas con un mínimo consumo de energía adicional.

Siempre ha existido cierta posibilidad de control en los edificios por parte de los usuarios, lo cual les permite tomar decisiones y manejar, por ejemplo, la apertura manual de puertas, ventanas, persianas o cortinas. Actualmente la tecnología incorpora controles mecánicos para muchas actividades humanas: movilización con motor en el transporte, automatización de procesos industriales y de aperturas y sistemas de seguridad en los edificios, nuevos sistemas de climatización y de iluminación, etcétera.

Figura 34. Edificio con fachada de vidrio, rígida e invariable, en un centro histórico desconectado del contexto urbano y natural.

En este contexto de posibilidades de control en la arquitectura con respecto al entorno, como la mecanización y los sistemas de control electrónico, es necesario hacer nuevos planteamientos de edificios flexibles, adaptables al clima y a las necesidades de los usuarios, que reflejen una cultura más humana, y responsable desde el punto de vista energético y ambiental.

El uso de energía en los edificios
La energía y la sustentabilidad
El avance en el desarrollo tecnológico sumado a un mayor consumo de energía, mejoró la habitabilidad de las ciudades y aumentó el nivel de confort de las personas —como ya se dijo— mediante la utilización de métodos de climatización, iluminación, diferentes sistemas de cocción de alimentos y motores aplicados a máquinas y vehículos; pero no necesariamente mejoró su calidad de vida, como se explicará a continuación.

De la mano de este avance y mayor consumo de energía surgieron efectos no deseados, y muchas veces minimizados, que hoy afectan seriamente la sustentabilidad; además, la forma en que se usa la energía reduce la posibilidad de mantener un desarrollo creciente de nuestra sociedad. Si se consume poca energía, debe invertirse más esfuerzo para cubrir las necesidades básicas humanas y ello resta posibilidades para el desarrollo. Si se consume demasiada energía, el precio que hay que pagar por remediar los efectos del consumo excesivo —económicos, recursos y deterioro del ambiente— nos obliga a dedicar un esfuerzo adicional que dificulta el desarrollo que se persigue.

A lo largo del tiempo, los criterios determinantes del uso de la energía en las ciudades se han modificado según los recursos disponibles, el ambiente social propicio para ciertas innovaciones o el grado de autonomía local para la toma de decisiones energéticas.

Es evidente que el elevado consumo de energía en las ciudades ha provocado un empeoramiento en la calidad de vida de las personas debido a los efectos no previstos derivados de su uso; por ejemplo, la excesiva generación de gases de efecto invernadero, partículas volátiles y sustancias que provocan problemas de salud, además del deterioro físico de edificios y monumentos. El cambio climático es el efecto global más importante del cual se deriva una serie de efectos ambientales alarmantes, que se detallarán más adelante.

El aumento de la población urbana mundial, así como el creciente consumo de energía están saturando la capacidad de regeneración de los ecosistemas naturales. Ya en el presente es claro que el actual modelo energético urbano y mundial no es sustentable, y por ello muchas ciudades empiezan a tomar medidas para disminuir su consumo energético y reducir su dependencia de los combustibles fósiles, en aras de la sustentabilidad.

El consumo energético mundial y los edificios

De acuerdo con estadísticas de la Agencia Internacional de Energía (*International Energy Agency*, IEA), publicadas en el balance energético mundial 2004-2005 (edición 2007), la energía consumida para uso final en el mundo fue de 7,209 Mtonep (mega toneladas equivalentes de petróleo). El consumo de los sectores residencial y comercial suman casi 40% del uso final de la energía, correspondiente en su mayor parte a edificios.

En los países industrializados este dato puede acercarse a 50%, si se tiene en cuenta el costo energético para la producción de los materiales de construcción y la infraestructura necesaria para su funcionamiento. Un estudio reciente sobre el uso de la energía revela que si se incluyen todos los costos energéticos relacionados con edificios en Estados Unidos, el consumo de energía primaria alcanzaría 48%, y de todas sus emisiones de CO_2, 46%, además de ser el sector que más rápidamente crece en consumo de energía y emisiones. En Europa, 30% de la energía se consume para el

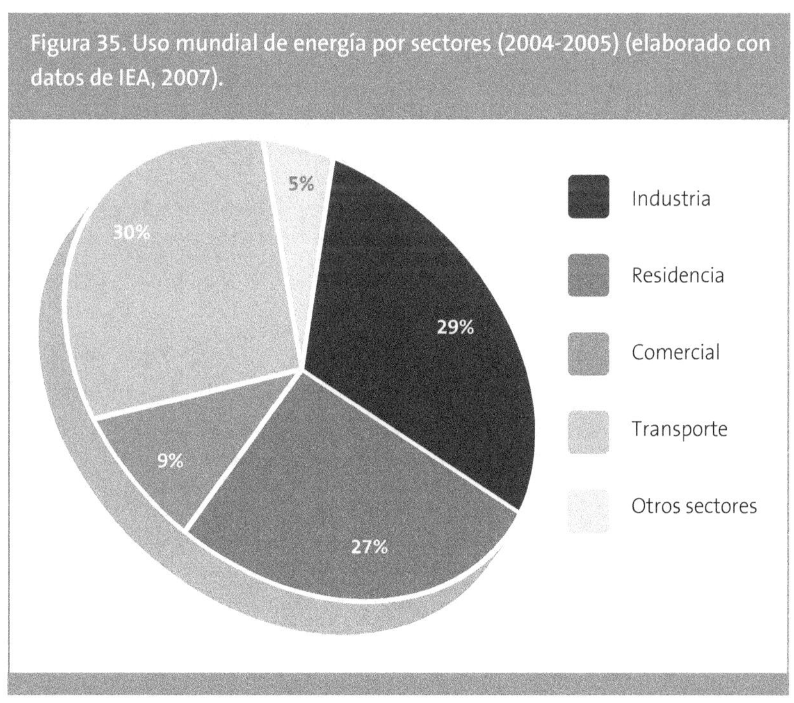

Figura 35. Uso mundial de energía por sectores (2004-2005) (elaborado con datos de IEA, 2007).

calentamiento del agua y los espacios; esta cifra representa 75% de la energía empleada en los edificios, que gastan 2/3 de toda la electricidad que consumen los países de la Unión Europea. Los edificios son responsables de 1/3 de las emisiones y 1/3 de la producción de desechos; además, según datos publicados por la *Energy Information Administration*, del Departamento de Energía de Estados Unidos (DOE), en las últimas décadas el consumo de energía en el mundo ha ido en constante aumento, y las proyecciones indican que continuará esta tendencia.

Tratar de reducir el consumo de energía en los edificios es una tarea en la que están involucrados muchos grupos de investigación en todo el mundo; en particular, la IEA publicó en marzo del 2008 el documento *Energy Efficiency Requirements In Building Codes, Energy Efficiency Policies For New Buildings*. En este documento se presenta la conveniencia de contar con reglas o normas que mejoren la eficiencia en el consumo de energía en los inmuebles. Se dice que países como Inglaterra, España y Japón cuentan con reglamentos de uso eficiente de energía que son obligatorios para la construcción de nuevos edificios. Otros, como Estados Unidos, han puesto en marcha programas voluntarios para mejorar la eficiencia en el uso de energía como el *Leadership in Energy and Environamental Design* (LEED). En México se cuenta con la norma NOM-008, que regula la eficiencia energética en el exterior o envolventes de edificios no residenciales, aunque esta norma ha sido en muchos casos de difícil aplicación.

El modelo actual de crecimiento de las ciudades y los sistemas de servicios (transporte, residuos) pone en evidencia la ineficacia de estos procesos. El consumo de recursos aumenta constantemente mientras que la organización urbana no crece de manera significativa. Este proceso es contrario a la lógica de la naturaleza, que maximiza la entropía en términos de información o, dicho de otro modo, que para un mismo recurso se logre un mayor nivel de organización. Según algunos autores, como Margalef y Rueda, un modelo de ciudad sustentable sería aquel en el que, invirtiendo la tendencia actual, se redujera paulatinamente el consumo de energía y de recursos, y aumentara el valor de la organización urbana.

Reducir el consumo de energía y recursos, y a la vez aumentar la información y el conocimiento, forman parte de la misma ecuación. Para alcanzar un modelo de ciudad sustentable es necesario desarrollar el modelo de ciudad del conocimiento y éste exige la creación del modelo de ciudad sustentable (que cuide los ecosistemas naturales). La puesta en marcha simultánea de ambos modelos permitiría abordar dos retos importantes de la sociedad: por un lado, desarrollar la sociedad de la información y del conocimiento y, por otro, encarar los problemas ecológicos globales, consecuencia de la acción del hombre y los sistemas urbanos sobre los ecosistemas de la Tierra.

El uso de la energía en México

Al igual que en el resto del mundo, en México se está registrando año tras año un aumento en el consumo total de energía, como lo revelan datos del Balance Nacional de Energía, 2006 (Sener, 2007). Este documento indica también que del total de la energía consumida en México, más de 20% corresponde a inmuebles del sector residencial, comercial y público, y si consideramos la energía utilizada para la construcción, fabricación y transporte de materiales de construcción, esa cifra podría elevarse considerablemente. Del total de energía la mayor parte se produjo a partir de fuentes no renovables, con el consecuente aporte de gases de invernadero y contaminación ambiental.

A pesar de lo anterior, el sector de la construcción en México, y más aún el sector habitacional, no han experimentado cambios que reflejen una preocupación por el ambiente, el ahorro de energía ni el confort de los usuarios. Por lo regular las viviendas, sobre todo las económicas, se diseñan y construyen bajo criterios predominantemente comerciales.

Los sectores habitacional, comercial y público requirieron en conjunto 844 PJ (petajoules) en 2006. Del total de esta cifra, 83.5%

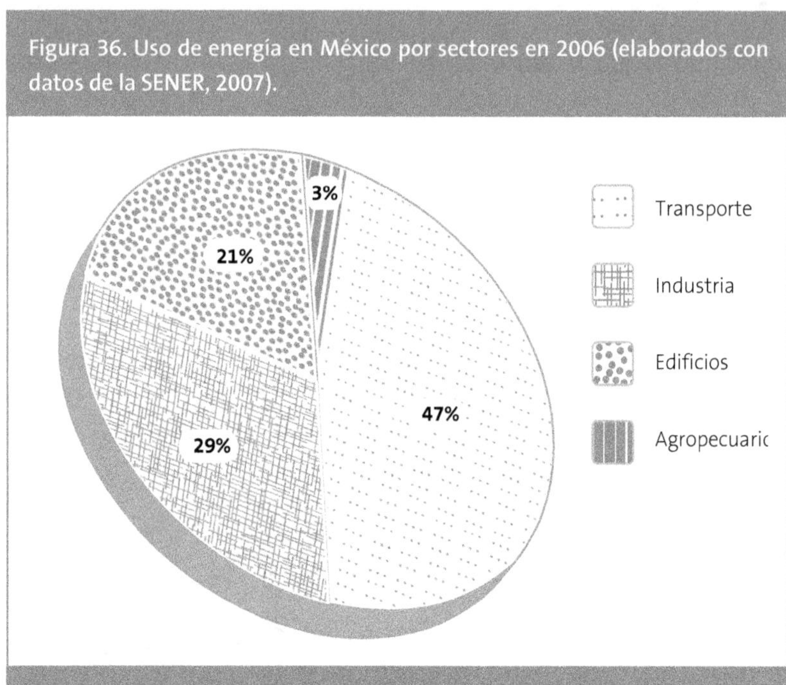

Figura 36. Uso de energía en México por sectores en 2006 (elaborados con datos de la SENER, 2007).

correspondió al subsector residencial (vivienda), 13.7% al comercial y 2.8% a los servicios públicos como alumbrado y bombeo de agua. Desde el punto de vista del origen de la energía primaria, en México se utilizan más las energías no renovables como gas natural, combustóleo, carbón petróleo, leña, 88.2%, que energías renovables y nuclear, 11.8% (Sener, 2007).

La electricidad ocupa el tercer lugar (14.9%) del consumo final de energía, después del gas licuado y la leña, y es el tipo de energía que más se relaciona con el consumo en las viviendas. También la mayor parte de la electricidad se genera a partir de combustibles fósiles, utilizados en plantas o centrales termoeléctricas, recursos que se irán agotando con el transcurso del tiempo.

El subsector vivienda ha sido históricamente uno de los de mayor crecimiento, tanto en su consumo energético como en el número de usuarios.

Impacto del uso de la energía en el ambiente

La cantidad y origen de la energía que se consume en los edificios en México y en general en el mundo contribuye significativamente al impacto ambiental con fenómenos tales como el efecto invernadero, que provoca cambios climáticos.

El efecto invernadero es un fenómeno natural causado por la presencia de gases en la atmósfera, principalmente vapor de agua y gas carbónico.

De continuar con las tendencias actuales, la temperatura promedio podría aumentar entre 1 y 2.5°C en los próximos 50 años, y de 1 a 3.5°C hacia finales de este siglo. Empiezan a establecerse relaciones entre las tendencias a largo plazo y eventos periódicos, como El Niño, acentuando la necesidad de entender mejor los procesos climáticos. Ya los efectos previsibles se señalaron antes: elevación del nivel del mar, mayores precipitaciones de lluvia, huracanes más frecuentes e intensos, cambios en los ciclos de la agricultura, alteraciones en los bosques tropicales y en los arrecifes de coral, entre otros.

El consumo de combustibles fósiles empleados para satisfacer la demanda de energía de los diversos sectores y de los edificios, es en gran parte responsable de esta problemática. Otras causas son el cambio de uso del suelo, la acumulación de desechos, la agricultura extensiva y ciertos procesos industriales.

En México, la emisión de gases de efecto invernadero de diversos sectores se presentó en 2002 en unidades de CO_2 equivalente. Hay que aclarar que las emisiones por la energía generada se distribuyen entre los sectores industrial, residencial, comercial y agropecuario, y público, por lo que la aportación registrada para cada sector sería mayor si se le sumara su participación proporcional en la generación de energía.

Las principales fuentes de gases de efecto invernadero en México son la combustión de combustibles para la producción de energía (24%), el sector transporte (18%), el cambio de uso del suelo y silvicultura, y los desechos. Debido a que en el país las

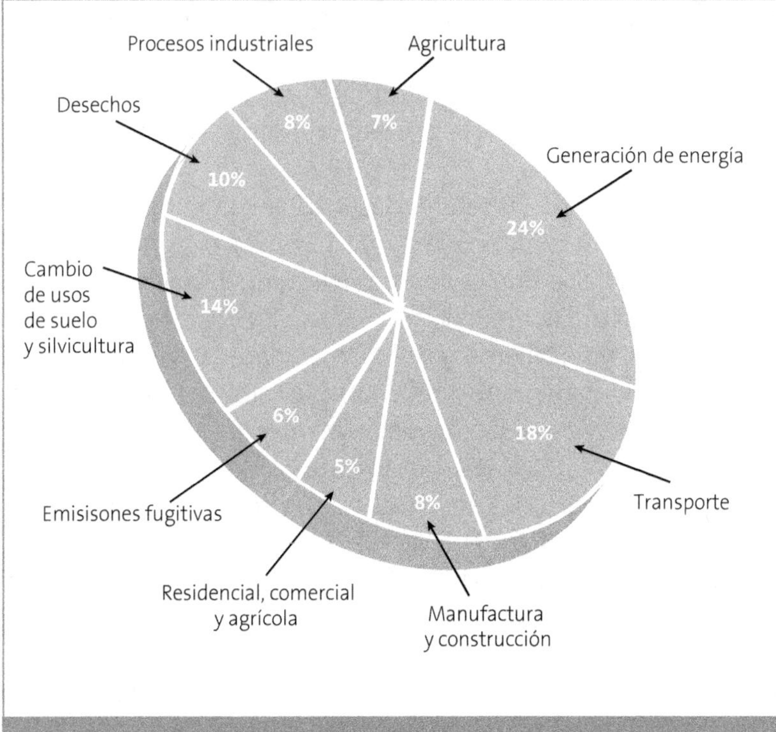

Figura 37. Emisiones de gases de efecto invernadero en 2002, en unidades de CO_2 equivalente (elaborados con datos de INEGI).

emisiones causadas por generación de energía mediante combustibles fósiles representa la mayor parte de estas fuentes de gases, es evidente la necesidad de revertir dicha situación; aquí la solución más adecuada es sustituir progresivamente parte de las fuentes de energía hacia energías renovables que no emiten contaminantes al ambiente.

Los edificios son co-responsables de las emisiones de gases de efecto invernadero derivadas de la producción de energía eléctrica, y junto con el sector transporte y los desechos, corresponde a las ciudades, su modo de vida y planeación, el resto de las emisiones generadas.

El cambio climático global en el siglo XXI es cada vez más ostensible, y ante los problemas planteados en las cumbres internacionales, se ha insistido en un urbanismo y una arquitectura que respeten el entorno. Se trata de construir edificios y ciudades coherentes con el ambiente, confortables y energéticamente eficientes.

Desde el punto de vista termodinámico, permitir la entrada de los rayos del Sol por las ventanas para calentar los edificios, dejar penetrar la luz natural difusa para desplazar la iluminación eléctrica, así como prever el sombreado adecuado de las ventanas en verano y controlar el deslumbramiento en los interiores, son formas eficientes y las menos costosas del aprovechamiento directo de la energía solar. Estos conceptos tan simples se remontan a tiempos muy antiguos. Sócrates fomentó el uso de lo que hoy se denomina diseño "solar pasivo" en viviendas; destacaba la importancia de la entrada de los rayos solares bajos del invierno desde el sur y los beneficios de sombrear obstruyendo el Sol alto de verano. Vitruvio llevó estos principios más lejos; estableció lo que hoy se denomina diseño "climáticamente responsable" o "energéticamente consciente", con el argumento de que los diferentes climas requieren diferente diseño para favorecer el confort. Las oficinas construidas en las grandes ciudades, al menos hasta fines del siglo XIX, debían contar con un cuidadoso diseño lumínico y de ventilación natural para una adecuada iluminación y confort.

Estas mismas técnicas están disponibles actualmente y representan un enorme potencial para reducir los impactos energéticos y climáticos a corto plazo de los edificios. Todo ello, sumado a los conocimientos actuales, los avances en tecnología de materiales constructivos (aislamientos, vidrios selectivos y muchos otros), en iluminación y en sistemas de control, junto con herramientas de simulación amigables, facilitan al proyectista resultados más favorables.

Se ha demostrado un mejor desempeño humano en edificios iluminados naturalmente, además de beneficios en la salud. En oficinas iluminadas naturalmente aumenta la productividad de los trabajadores, lo que redunda en beneficios para empleadores y empleados. Aumentos de 15% en las ventas en áreas de compras con iluminación natural, o 25% de mejoras en la tasa de aprendizaje entre los niños en salones de clase con la misma iluminación, son algunas de las estadísticas obtenidas de investigaciones que están conduciendo a cambios en los criterios de diseño de edificios actuales.

Figura 38. Biblioteca iluminada con luz natural. La iluminación de la sala de lectura es lateral, mientras que la del piso (arriba a la derecha) es cenital.

Todos estos resultados medibles demuestran valores sociales relevantes relacionados con los potenciales de reducción de la energía en los edificios diseñados de manera sustentable. Puede argumentarse que la inversión en la aplicación de criterios de eficiencia energética e iluminación natural se justifica por los beneficios en sí mismos, de modo que la reducción en el uso de la energía y emisiones de gases de efecto invernadero son beneficios adicionales.

Hay un factor crítico en el costo de los edificios, frecuentemente omitido: la energía, tanto la que se consume durante la construcción como la que se utilizará durante la vida útil. Los costos de demolición y reciclado de materiales tampoco se toman en cuenta. Esto tiene importantes efectos económicos y ambientales y en consecuencia influye en el desarrollo y en la calidad de vida de las personas a corto y largo plazos.

El desarrollo energéticamente sustentable implica, entre otros muchos aspectos, mejorar los niveles de vida de la población satisfaciendo las necesidades básicas como el suministro de energía, así como la conservación de los recursos, tanto de energía como materiales.

Aprovechamiento y control de las energías del medio natural

Como se ha mencionado, los edificios son un factor importante de consumo energético, no sólo durante su ocupación y uso, sino durante las tres etapas de su existencia:

- Para su construcción se gasta en materiales (cuyo costo de fabricación comprende materia prima, mano de obra, elaboración), transporte, arranque de la obra y edificación; se incluye además el diseño del proyecto y mano de obra para la construcción (costo inicial).
- Durante su vida útil, son dos los tipos de consumo:
  Para su mantenimiento y conservación se invierte periódicamente en materiales y mano de obra (reparaciones y renovaciones).
  Para su operación se gasta en climatización, iluminación, fuerza motriz, agua caliente, uso de aparatos eléctricos, comunicación, etcétera, en general como soporte de las actividades humanas cuya inversión de recursos es continua mientras el edificio esté habitado.
- Se invierte en su eliminación y reciclaje.
  La premisa de utilizar el mínimo posible de energía por la reducción en la disponibilidad energética mundial, ha sido en las últimas décadas una de las pautas del diseño arquitectónico. También es necesario evitar costos excesivos en la inversión inicial de construcción.

Si conocemos el modo de captación y transformación de energía de un edificio, es decir, su comportamiento térmico en función del clima, es posible elegir las opciones generales y particulares arquitectónicas óptimas para crear un hábitat interior confortable con un mínimo aporte de energía auxiliar, evitando diseños inapropiados.

La tecnología que posibilita la climatización de edificios mediante energías renovables que aportan mejoras a la calidad del ambiente, es una herramienta más que contribuye al desarrollo urbano sustentable. El esfuerzo en los diferentes campos tecnológicos tendientes a la aplicación de energías renovables, para construir y administrar energéticamente el hábitat, es indispensable para la aplicación de un modelo integral de desarrollo sustentable.

La transformación energética en los edificios

Los edificios pueden proyectarse de modo que incorporen elementos arquitectónicos —muros, ventanas, techos, pisos— para captar, almacenar y distribuir energía solar térmica, evitando el sobrecalentamiento. Los flujos de calor deben transportarse ante todo por los mecanismos naturales de convección, conducción y radiación, evitando el empleo de bombas y ventiladores. El objetivo es controlar los flujos de energía a fin de lograr condiciones confortables en los espacios habitables del edificio, durante todo el día y todos los días del año. El enfoque incluye también —si así se desea— el enfriamiento natural y el sombreado. Los edificios pueden enfriarse evitando la entrada de energía térmica no deseada y conduciéndola hacia sumideros de energía ambientales —aire, cielo, suelo y agua—, mediante mecanismos naturales de transferencia de calor. La carga de enfriamiento se minimiza, en el diseño arquitectónico, con la reducción de ganancias solares a través de las ventanas y sobre las partes opacas del edificio, y reduciendo las ganancias internas. Finalmente, el uso de energía radiante para iluminación natural, cuya finalidad es mantener los parámetros adecuados de confort visual, es parte también de los criterios de diseño.

La conversión climática que llevan a cabo los edificios depende de parámetros tanto del clima como del propio edificio. El clima de un lugar obedece a una serie de factores naturales. Son determinantes los factores geográficos como latitud y altitud, pero también influyen los que condicionan el microclima como la topografía, que determina la incidencia de los vientos, la cercanía al mar, los fenómenos climáticos urbanos y la vegetación. Tales condicionantes se reflejan en una serie de parámetros meteorológicos, fuertemente ligados entre sí, entre los cuales sobresalen la radiación solar, la temperatura del aire, la humedad y el viento. La acción de todas las variables climáticas es la que causa un determinado comportamiento térmico en el edificio, provocando otro clima interior distinto y, preferiblemente, más controlado.

Las cargas térmicas generadas por las condiciones climáticas actúan sobre el exterior o la envolvente a través de fenómenos tales como conducción del calor, intercambios de radiación por las superficies y ventilación. En el interior, la radiación solar directa sobre las superficies se convierte en calor que se almacena y se emite posteriormente. La presencia de los ocupantes, el uso de electrodomésticos y equipo en general que produce calor o humedad, la iluminación, los efectos de la infiltración y ventilación, y eventualmente instalaciones de calefacción y aire acondicionado, son factores interiores que inciden sobre el balance térmico global.

Como efecto combinado y simultáneo de estas numerosas variables tanto naturales como arquitectónicas, se establece a cada instante un balance térmico global entre la energía que entra, la que sale y la que se almacena. Los diversos parámetros involucrados en esta combinación espacial y temporal de causas térmicas aportan continuamente ganancias y pérdidas tanto directas como diferidas, y es precisamente el juego constante entre ambas a lo largo del tiempo, y más específicamente, el modo de dosificar adecuadamente estas ganancias, donde radica la base conceptual de la climatización natural en edificios.

Cuando se proyecta un edificio, deben conocerse las posibilidades que ofrecen ciertos elementos arquitectónicos tradicionales en cuanto a la gestión térmica del edificio en su conjunto. Estos elementos, generalmente pertenecientes a la envolvente del edificio, donde se manifiestan los intercambios térmicos exterior-interior, tienen una importante función que cumplir, una función "activa", que es la de administrar la energía térmica del ambiente exterior. Son tres las funciones desde el punto de vista térmico que estos elementos pueden cubrir: 1) captar energía, 2) almacenar energía y, 3) ceder y distribuir energía.

Así, según el clima en el que se ubique el edificio que va a proyectarse, se aprovecharán las propiedades de cada elemento arquitectónico y, más aún, de sus relaciones, a fin de obtener resultados satisfactorios de confort térmico durante la mayor parte del día y de la noche, y una distribución de calor adecuada. En la mayoría de los casos se vuelve casi imprescindible asociar elementos con inercia térmica y con ganancias instantáneas, que permitan una regulación adecuada de la energía; es decir, que el problema de dosificación entre capacidad térmica total y superficie total de captación esté directamente relacionado con las características del clima. Como se deduce de la descripción de tales efectos, los aspectos dinámicos del comportamiento térmico de estos elementos resultan de primordial importancia para el control de los flujos energéticos entrantes y salientes, que varían constantemente a lo largo del tiempo.

Nos detendremos en describir particularmente dos de las propiedades térmicas relacionadas con los edificios, fundamentales para comprender el comportamiento global de los mismos: la inercia térmica y el aislamiento térmico.

La variación continua de las cargas térmicas provenientes del exterior e interior de un edificio provocan la oscilación de la temperatura interior, en la cual se diferencian dos aspectos: por un lado, el ciclo de la temperatura interior (por ejemplo, el ciclo diario) se amortiguará respecto del exterior, y por otro, ese ciclo interior vendrá después del ciclo exterior con un retraso en el tiempo, es decir, habrá un desfase. El primer efecto depende de una propiedad de los materiales llamada resistencia térmica, que es la capacidad de oponerse al paso del calor por conducción (propiedad inversa a la conductividad térmica). A mayor resistencia térmica, el material o materiales en su conjunto serán más aislantes. Normalmente las unidades en las que se mide son m^2K/W. El segundo efecto se debe a la capacidad calorífica C de los materiales, caracterizada por el calor específico c y la masa m (C = c x m), que es la capacidad del material de almacenar calor, medida generalmente en J/K. A mayor capacidad calorífica menor variación de temperatura propagada a través de los materiales y mayor desfase de temperatura interior respecto de la exterior. Al retraso producido por tal efecto se le denomina inercia térmica, e implica además la posibilidad de almacenar energía para ser liberada (emitida por los materiales) tiempo después, preferentemente cuando la temperatura exterior es más baja.

Uno de los mejores elementos aislantes es el aire estático. Además, aquellos materiales que contienen burbujas de aire en su interior son generalmente más livianos y más aislantes. En contraste, los materiales más densos tienen mayor capacidad calorífica y por lo tanto muestran mayor inercia térmica. Por lo general su efecto se asocia directamente con su peso.

Es necesario diseñar dosificando estos efectos en los edificios, tanto espacial como temporalmente, de acuerdo con las necesidades. De manera muy general podría decirse que para climas cálido-húmedos es más recomendable una construcción abierta y liviana, y para climas extremos —cálido-secos o fríos—, las construcciones cerradas y pesadas tienen un comportamiento más adecuado.

En muchas situaciones, a pesar de un correcto diseño de la geometría y la ubicación de los materiales, hay que suministrar calentamiento adicional o enfriamiento en ciertas épocas del año. Del mismo modo, la iluminación natural tampoco cubre todos los requerimientos de iluminación, por lo cual es necesario diseñar los medios para suministrar energía auxiliar y sus sistemas de control para complementar las aportaciones climáticas.

El diseño y la construcción de un edificio que aproveche las ventajas del ambiente exterior de manera óptima no necesariamente implican un costo adicional. Un edificio "convencional" provisto de instalaciones menos racionales es significativamente más caro en sus costos de operación. Se busca ante todo una estrategia de diseño racional y eficiente que facilite una interacción dinámica entre las personas, el ambiente construido y las condiciones ambientales exteriores, a fin de lograr condiciones de habitabilidad.

El aprovechamiento de las energías renovables como estrategia de diseño arquitectónico es indispensable en todo edificio y lugar, y depende de la importancia relativa que tengan en cada caso particular el calentamiento, el enfriamiento o la iluminación natural, los cuales varían con la región y el tipo de edificio.

Las llamadas estrategias solares pasivas hacen referencia al diseño de la casa para el uso eficiente de la energía solar. Las estrategias solares activas tienen además como objetivo el aprovechamiento de la energía solar mediante sistemas mecánicos o eléctricos: colectores solares (para calentar agua o para calefacción) y paneles fotovoltaicos (para obtener energía eléctrica). En el caso de una vivienda, además de la energía solar pueden considerarse otros tipos, como la energía eólica o hidráulica para generación de electricidad y la generación de metano a partir de residuos orgánicos.

La sustentabilidad en arquitectura implica considerar el impacto ambiental de todos los procesos que intervienen en un edificio: materiales de fabricación (obtención que no produzca desechos tóxicos y no use mucha energía de fuentes no renovables), técnicas de construcción (que supongan un mínimo deterioro ambiental), ubicación del edificio y su impacto en el entorno, consumo energético y su impacto, y reciclado de los materiales cuando la construcción ha cumplido su función y se derriba.

Control de las condiciones interiores en los edificios

Se pretende que el ambiente interior en arquitectura sea un espacio estable y protegido, por lo cual éste se debe diseñar, calcular y controlar. Temperatura, humedad, luz necesaria en función de la actividad, sonido adecuado —tanto interior como exterior—, ventilación suficiente, asoleamiento cuando se requiera, son variables que conforman el ambiente interior, definido en un determinado momento por las condiciones solicitadas por los ocupantes. Este control ambiental se efectúa mediante mecanismos de control y regulación como parte integrante del edificio o como una instalación auxiliar. Unos y otros intentan realizar diferentes funciones que sustituyan las acciones humanas.

En la práctica, la forma más sencilla de control térmico la hacen los propios ocupantes de las viviendas. Abrir o cerrar ventanas, desplegar toldos o mojar el piso de los patios interiores para

Figura 39. Persiana mediterránea.

provocar enfriamiento por medio de la evaporación, son estrategias espontáneas que se utilizan para conseguir condiciones óptimas de confort. Esta función "activa" de los usuarios representa un control cualitativo de los parámetros térmicos, ya que la acción de las personas es puramente intuitiva, pues no se tiene conciencia de en qué medida se están modificando los parámetros térmicos. En los edificios donde se emplean sistemas artificiales de climatización, es posible realizar un control más exacto.

Las energías renovables en las ciudades
El conocimiento del clima y las características y recursos del sitio han sido fundamentales para la localización de asentamientos humanos. En cambio, las tendencias actuales de la arquitectura y el diseño urbano frecuentemente parecen ignorar el potencial del clima y las energías renovables para acercarse a las condiciones de confort térmico por medios pasivos. Las consecuencias de esto pueden medirse en impactos ambientales, sociales y económicos.

El consenso generalizado entre los diseñadores urbanos, planificadores territoriales y gobiernos de los países desarrollados confirma que el actual modo de vida en las ciudades es insostenible ambiental, social y económicamente. Por esto, es urgente tomar las medidas necesarias para revertir dentro de lo posible los daños al ambiente a nivel global y regional. Es indispensable considerar el impacto ambiental causado por los edificios, el transporte, la industria y el comercio, la agricultura, las actividades educativas, de salud y recreativas, replanteando el modo de vida y las actividades sobre todo en las ciudades. El crecimiento de la población, el grado de desarrollo y la naturaleza de las actividades económicas determinan la proporción del problema ambiental causado.

Además de una gestión energética eficiente, para el diseño sustentable de las ciudades es preciso planear la gestión del agua y la basura, la optimización del sistema de transporte, el uso de fuentes renovables como combustible y el control de la contaminación del aire y lumínica.

La adecuada selección del sitio es fundamental: la topografía, la pendiente del terreno, la forma del asentamiento y la orientación deben determinarse en función del clima y los recursos naturales disponibles. El control de la densidad urbana, las alturas de construcción, el diseño adecuado de espacios exteriores para crear microclimas y zonas exteriores habitables, la disponibilidad y acceso a la radiación solar y al viento de acuerdo con la trama urbana, facilitan en gran medida el control del clima en la ciudad y la posibilidad de aprovechamiento de las energías renovables, así como un cierto control sobre la calidad del aire.

El uso apropiado de los materiales según el clima, tanto en los edificios como en el medio urbano, propicia el ahorro de energía de climatización, así como ambientes exteriores más agradables, minimizando los efectos de isla de calor en las ciudades.

Las primeras consideraciones a tener en cuenta para la gestión de los recursos energéticos se basan en utilizar la energía de un modo eficiente, sin desperdiciarla, en las actividades que se requieran. Por otro lado, hay algunas medidas de ahorro, manejo y generación de energía que tienen más impacto si se desarrollan a gran escala, en lugar de individualmente en cada edificio. Ejemplos de esto son las plantas de generación de energía con tecnología fotovoltaica, plantas de concentración solar, plantas hidroeléctricas y de energía eólica.

Optimización del uso de la energía en edificios

El uso eficiente de la energía en edificios debe abordarse desde varios aspectos, ya que su conservación y la de los recursos materiales es esencial. El modo de administrar la energía que se consumirá (de origen renovable o fósil), por medio de un diseño arquitectónico adecuado al clima, facilita el ahorro en los consumos de energía destinada a climatización y a iluminación. La optimización de su consumo para iluminación artificial, electrodomésticos y equipos eléctricos en general, puede mejorar si se corrigen hábitos de uso y se cuenta con equipos eficientes a fin de evitar gastos innecesarios.

Figuras 40 a y b. Ejemplo de sistemas de energías renovables integrados: biblioteca en Mataró, España. Parte de la cubierta de diente de sierra está revestida por celdas fotovoltaicas (arriba), que proporcionan electricidad para autoconsumo y son parte del sistema de iluminación cenital (abajo).

Además, el mismo edificio es capaz de convertirse en generador de su propia energía con dispositivos integrados que capten y conviertan las energías renovables de manera activa, proporcionando electricidad mediante el Sol o el viento, agua caliente sanitaria o calor para cocción de alimentos. De este modo, los edificios pueden acercarse a la condición de autosuficiencia energética (edificios de cero-energía).

La aplicación de estas estrategias atañe tanto a propietarios y usuarios de los edificios como a proyectistas y constructores, quienes tendrán que tomar conciencia de la urgente necesidad energética y ambiental. Ciertamente los planificadores de las ciudades y quienes legislan y regulan su crecimiento tienen una gran responsabilidad, en el presente de lo que suceda en el futuro.

Estrategias de ahorro de energía

En el caso de un edificio nuevo deberá llevarse a cabo, previamente al planteamiento del proyecto, un estudio minucioso del sitio de emplazamiento, del clima y de los potenciales energéticos locales y regionales. Con esa información se establecerán las estrategias generales de adaptación al clima como la orientación, forma, proporción de aberturas, materiales, etcétera.

En el caso de edificios ya construidos, es posible recurrir a diferentes estrategias para modificar el edificio y propiciar el ahorro de energía; por ejemplo, una apropiada adecuación climática del inmueble y de los espacios exteriores adyacentes, o mejoras a fin de aprovechar la iluminación natural.

Es conveniente en muchos casos que los techos cuenten con aislamiento, ya que la mayor parte del calor exterior ingresa por techos y ventanas. Proveer de un adecuado sombreado a las ventanas (aleros, partesoles, pérgolas, toldos, persianas), de acuerdo con la orientación y la época del año, implica considerables beneficios en cuanto al confort térmico de los ocupantes y ahorro de energía de climatización. En los climas extremos, las ventanas aisladas con doble vidrio evitan la entrada de calor o frío excesivo.

En climas cálidos, los colores claros de los acabados exteriores y del techo minimizan la absorción del calor y facilitan el enfriamiento de las superficies por la noche. También se sugiere evitar la entrada de los rayos solares durante el día por las ventanas y ventilar durante la noche, siempre que así se requiera y el clima lo permita.

Acondicionar los espacios exteriores adyacentes a los edificios es una estrategia relativamente simple y energéticamente de mucho impacto para los edificios y los usuarios de espacios exteriores habitables. Crear un microclima protegido del entorno exterior implica minimizar las diferencias térmicas entre el exterior y el interior del inmueble; para ello se requiere un preacondicionamiento hacia el interior. Proteger de vientos fríos mediante barreras materiales o vegetales, sombrear en verano y dejar pasar los rayos del Sol en invierno (si es el caso) mediante vegetación caducifolia o dispositivos de sombra diseñados especialmente, o bien elegir los materiales exteriores de pisos y muros que permitan o eviten el almacenamiento de calor, son algunas de las técnicas que pueden emplearse en las áreas exteriores de edificios ya construidos.

Si la disponibilidad de iluminación natural es escasa, su distribución interior puede favorecerse en gran medida con acabados claros en muros y techos y también en muebles y tapizados. Las ventanas más grandes no necesariamente captan más luz, pero los interiores claros mejoran su distribución debido a que favorecen sucesivas reflexiones de la luz y su conducción hacia el interior, a mayor distancia de las ventanas.

Para la iluminación artificial son aconsejables las lámparas fluorescentes compactas (ahorradoras de electricidad), pues además emiten menos calor al ambiente. Para la elección del tipo de lámpara se sugiere tomar en cuenta la cantidad de luz que se necesita y otras características como temperatura de color (tonalidad), índice de reproducción del color y tiempo de vida útil, de modo que si se decide remplazar las lámparas incandescentes por ahorradoras se obtenga la misma cantidad y calidad de luz o incluso superior. Otro aspecto a considerar es el tipo de luminaria en la que la lámpara va a colocarse.

Igualmente, proponemos desarrollar ciertos hábitos a fin de ahorrar electricidad destinada a iluminación. Aprovechar la iluminación natural; por ejemplo realizando tareas en sitios del edificio donde haya más disponibilidad de luz. En cuanto a la iluminación artificial, apagar la luz cuando no se use y mantener las lámparas libres de polvo con el propósito de garantizar un mayor rendimiento.

En el caso de edificios públicos o de grandes superficies, el uso de sistemas de control de iluminación como atenuadores o dimmers, así como de detectores de presencia para el encendido y apagado de luces, es de gran ayuda para el ahorro de energía.

Evitar tener encendidos los aparatos eléctricos cuando no se usen, como televisores, equipos de sonido, computadoras, fotocopiadoras, etc. Mientras más potencia consuman y más tiempo estén encendidos, mayor será el gasto de energía. Asimismo, es conveniente conservarlos en buen estado de mantenimiento y limpieza, para un consumo menor. En el caso de algunos electrodomésticos, se sugiere aprovechar al máximo su uso cuando están encendidos (plancha, lavadora de platos y de ropa, secadora, por ejemplo).

El refrigerador es probablemente el aparato que más horas permanece encendido y uno de los que más electricidad consume. Para garantizar un buen rendimiento conviene abrirlo lo menos posible, conservar en buen estado su maquinaria y cambiar cada tanto los empaques de las puertas, a fin de minimizar la infiltración y, con ella, los intercambios térmicos.

Es conveniente adquirir aparatos eléctricos de alta eficiencia, identificados claramente por su etiqueta amarilla, que indica la norma de eficiencia energética mexicana.

Se desaconseja el funcionamiento de los aparatos en modo de energía en espera (como computadoras en hibernación) y los "vampiros" o aparatos apagados pero conectados, pues éstos siguen consumiendo electricidad y ocasionan en conjunto considerables consumos parásitos o innecesarios.

Habrá que prestar particular atención en los hábitos de uso de los acondicionadores de aire por su alto consumo de energía. Es recomendable evitar abrir constantemente puertas y ventanas, evitar la infiltración, regular la temperatura del termostato, darle mantenimiento periódico al equipo, colocarlo exteriormente en lugares sombreados y por supuesto adquirir un aparato eficiente.

El calentamiento de agua sanitaria con gas LP, que es el modo más común de llevar a cabo este proceso en México, puede hacerse más eficaz mediante el aislamiento del tanque almacenador y de los tubos de conducción. Sin embargo, el uso de calentadores solares es una tecnología más eficiente, sencilla y de bajo costo. Nuevamente el uso de energías renovables, como la solar en este caso, brinda más eficiencia y evita las emisiones de gases contaminantes. Su uso puede ser exclusivo o mixto, junto con gas LP, en caso de no contar en el sitio con el potencial de radiación solar requerido.

La aplicación de estrategias de ahorro de agua —regaderas y tanques ahorradores en excusados, uso de riego eficiente y cambio de hábitos de uso del agua— persigue un menor consumo de este recurso; las ciudades, por ejemplo, emplean gran cantidad de energía en el bombeo, depuración y distribución de agua potable. Estas estrategias ahorrarían tanto energía como recursos materiales.

El proceso de cocción de alimentos con gas LP puede mejorarse utilizando tapaderas adecuadas u ollas a presión. En zonas rurales es común emplear leña para la cocción de alimentos. Si no es posible sustituir la leña por combustible —que sería una opción más eficaz y saludable— el modo de hacer más perdurable el proceso es mediante estufas o cocinas de leña mejoradas. Esta estufa —promovida en Guatemala y en México— se hace de barro y arena. Consta de un comal, dos quemadores y una chimenea que expulsa los gases de combustión. Modelos similares se han creado en la India, Kenia, Burundi, Haití y Senegal. Otra opción, sin duda más saludable y amable con el ambiente, son las estufas solares. Existe un sinnúmero de modelos, pero lo más interesante es la facilidad y sencillez para construirlas; basta que el usuario conozca ciertos aspectos geométricos básicos y utilice materiales reflejantes y no inflamables. Si bien toma mayor tiempo de cocción que otro tipo de estufas, la estufa solar no requiere de combustible ni emite ningún tipo de gases. Sólo hay que programar convenientemente el tiempo de cocción de cada alimento.

En México se han promovido algunas iniciativas de ahorro de energía mediante la creación de la Comisión Nacional de Ahorro de Energía (Conae), del Fideicomiso para el Ahorro de Energía Eléctrica (Fide) y programas aplicados por la Comisión Federal de Electricidad (CFE) como el programa ASI. Las normas oficiales mexicanas (NOM) de eficiencia energética regulan sólo a cierto tipo de edificios y además son de difícil aplicación. Todas estas iniciativas son incipientes e insuficientes para el problema y las circunstancias actuales.

Más recientemente, las hipotecas verdes de Infonavit ofrecen un monto extra de financiamiento para adquirir viviendas "ecológicas" de bajo costo, donde se utilicen ecotecnologías para disminuir el consumo de agua y energía. Sin embargo, el monto adicional es insuficiente.

Generación de energía

El uso de las energías renovables en edificios no es simplemente una sustitución de las energías fósiles; es necesario que los proyectistas sean conscientes de los requerimientos desde el comienzo del proyecto, integrando funcional y estéticamente los dispositivos e instalaciones para la generación de energía. Tampoco se trata de ocultar las instalaciones, sino de que éstas sean realmente parte de los edificios.

Figura 41. Colectores solares (sobre la entrada) y paneles fotovoltaicos integrados a la cubierta de una vivienda.

Hay ciertos recursos renovables cuyo aprovechamiento es más conveniente para las comunidades, como por ejemplo la energía geotérmica, la biomasa y en muchos casos la energía eólica; otros, como la energía solar, pueden utilizarse para aplicaciones individuales como autoconsumo en las viviendas.

Geotermia

En ciudades cercanas al recurso geotérmico, es posible instalar redes de distribución del calor para calefacción y algunos procesos industriales, generalmente a escala de la ciudad. Se debe prever la integración del proyecto a la estructura de la red urbana.

Biomasa

En las comunidades rurales, los residuos pueden aprovecharse para la generación de biomasa (residuos agrícolas, o bien de la actividad ganadera o industrial). Es necesaria una red local para el suministro y la integración de las instalaciones de almacenamiento, introducida como parte del proyecto arquitectónico y urbano.

Energía solar. Colectores solares para agua caliente sanitaria

Los colectores solares son una tecnología utilizada generalmente de manera individual para abastecimiento de agua caliente sanitaria de los edificios (vivienda, pequeña industria, centro deportivo). Se trata de dispositivos fácilmente integrables a los edificios y de mantenimiento sencillo. Es probablemente la tecnología de aplicación de energía renovable más rápidamente amortizable debido a su bajo costo.

De acuerdo con las diferentes características locales de disponibilidad del recurso solar, clima, opciones de almacenamiento, etcétera, deberá proyectarse la integración de estas tecnologías a los edificios para su uso cotidiano. En algunos países con altos niveles de radiación solar es una tecnología muy habitual.

Cabe destacar, al igual que con la tecnología solar fotovoltaica, que si bien hay inclinaciones óptimas de los colectores y paneles para la máxima captación solar, los colectores deben colocarse con las pendientes de tal manera que se puedan adaptar constructivamente a los edificios proyectados, con sus múltiples requerimientos, aun en detrimento de la eficiencia energética solar.

Energía solar con tecnología fotovoltaica

La utilización de sistemas fotovoltaicos en edificios ofrece varias ventajas. Por un lado, no se necesita espacio adicional ni una estructura de soporte, ya que el mismo edificio lo provée. Los paneles fotovoltaicos pueden además hacer las funciones de algunos materiales de construcción tradicionales, con lo cual se ahorra este costo. La electricidad se genera en el mismo sitio donde se va a utilizar, lo cual evita las pérdidas por transmisión y distribución reduciendo además costos de mantenimiento. Por último, los sistemas fotovoltaicos integrados a los edificios pueden realzar algunas cualidades estéticas del edificio ofreciendo un aspecto innovador.

La proporción de electricidad utilizada proveniente de un sistema fotovoltaico dependerá de la demanda del edificio, del tamaño del arreglo fotovoltaico y de la normativa y costos de electricidad locales de la red urbana.

Para la ubicación de los paneles fotovoltaicos habrá que tener en cuenta la orientación y la inclinación, ya que éstos son factores clave que modificarán su eficiencia. También, considerar la posible sombra que recibirán ocasionalmente de los árboles, chimeneas, tinacos, etc., y el autosombreado de unos paneles sobre otros.

Para ubicar el sistema se prevé que éste permita su ventilación, a fin de reducir la temperatura de los módulos y mejorar su eficiencia. Otra posibilidad es la reutilización del calor generado por los módulos para otras funciones como, por ejemplo, agua caliente sanitaria.

La tecnología en paneles fotovoltaicos permite la integración de éstos tanto en techos como en fachadas, elementos de sombra o semi-transparentes, dependiendo de la solución arquitectónica requerida. Funcional y estéticamente es más fácil integrarlos en un techo que en un muro.

En el caso de sistemas integrados en los techos, el proyectista podrá prever desde un comienzo la inclinación óptima del techo para aprovechar mejor el Sol. Pueden integrarse como paneles planos, flexibles, adaptables a superficies curvas o tejas fotovoltaicas; o también integrarse a domos o lucernarios, formando superficies semi-transparentes que hagan las veces de celosías.

Los paneles fotovoltaicos también se unen fácilmente a las fachadas pues se dispone de un gran número de opciones de diseño. Particularmente en edificios con fachadas vidriadas se intercalan partes transparentes y partes opacas, ofreciendo al exterior un aspecto integrado.

Los elementos de fachada son varios: paneles verticales o inclinados, recubrimientos opacos, elementos de sombra fijos y móviles y sistemas de muro cortina (*curtain wall*).

Figura 42. Biblioteca en Mataró, España. La fachada Sur, cubierta de celdas foto-voltaicas, proporciona electricidad y atenúa la excesiva iluminación natural.

Energía eólica

Existen proyectos para el aprovechamiento de la energía eólica en las comunidades, como los campos de aerogeneradores en territorios abiertos o en el mar. Tales desarrollos requieren de detallados estudios previos de impacto ambiental y visual en el paisaje, y de la observación de posibles daños a las aves Últimamente se han incorporado generadores eólicos en grandes edificios de multiniveles y en zonas donde el viento es aprovechable, insertando las turbinas como parte del diseño del edificio. La electricidad generada representa gastos mínimos de transmisión y distribución y la aprovecha el mismo edificio.

Figura 43. Campo de aerogeneradores en zona rural.

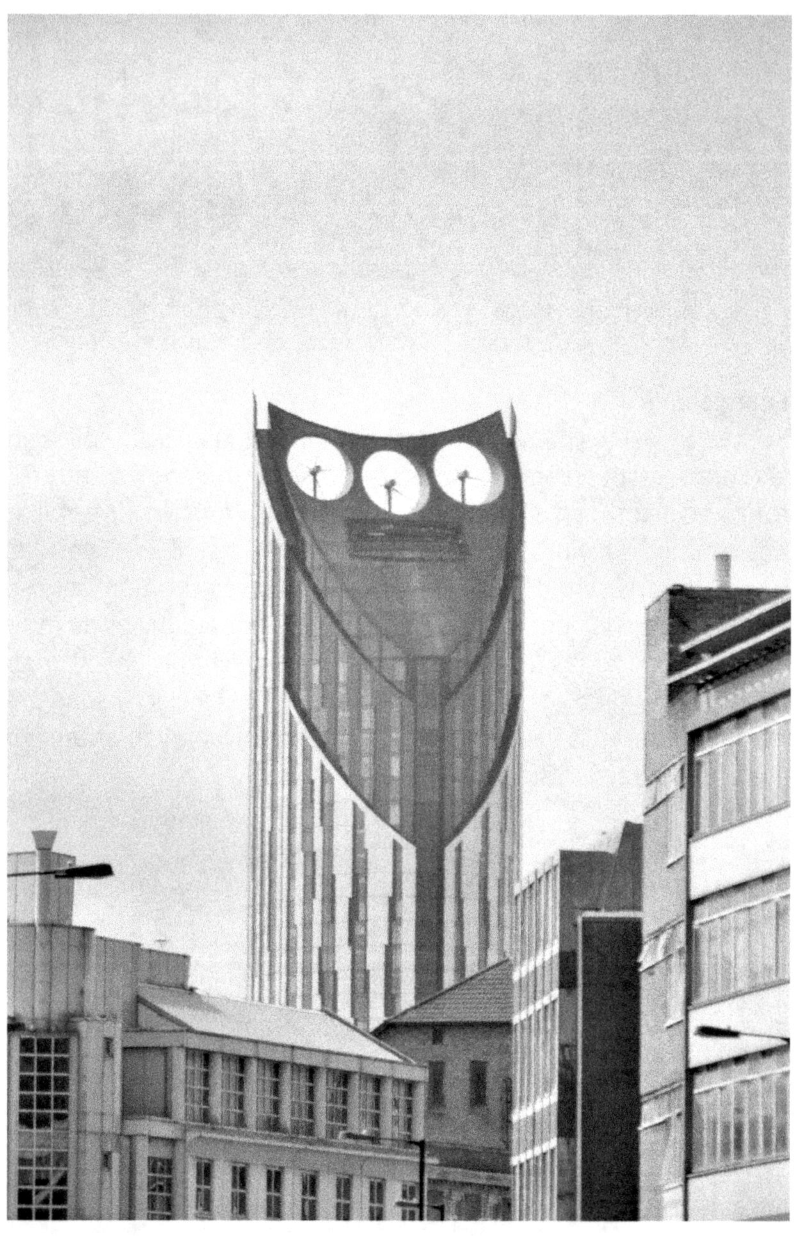

Figura 44. Edificio del World Trade Center de Bahrain, que integra aerogeneradores a su estructura (dibujo original del Arq. Juan Luis Loredo).

Una de las ventajas es que los edificios proveen directamente la estructura de soporte para las turbinas, que guardan una considerable altura para evitar las perturbaciones del perfil urbano. Algunas desventajas de esta tecnología en edificios son el bajo potencial eólico en las ciudades, la turbulencia y vibraciones que las turbinas provocan sobre la estructura del edificio y el ruido, tanto para el mismo edificio como para la comunidad.

En cada caso es preciso estudiar si el recurso puede aprovecharse más eficientemente de manera individual, es decir en cada edificio, o bien de manera comunitaria, abarcando poblados enteros, conociendo su topografía, la posibilidad de almacenamiento, la legislación local, etcétera.

Como se ha expuesto, los edificios tienen la capacidad de captar, almacenar, distribuir y administrar las energías renovables del entorno natural para crear ambientes interiores confortables, así como un gran potencial y ventajas para integrar diferentes sistemas de generación de energía a base de energías renovables como parte de su estructura e imagen. Considerando el gran impacto negativo de los edificios que consumen combustibles fósiles y energías derivadas de éstos sobre el ambiente, tanto en México como en el mundo, sería una consecuencia lógica y hasta obligatoria proyectar edificios que se acerquen al autoabastecimiento energético, que mitiguen las consecuencias de la crisis energética y disminuyan los cambios ambientales y climáticos.

Fuentes renovables de energía y desarrollo sustentable

Desarrollo sustentable

Aunque ya hemos usado el concepto desarrollo sustentable es conveniente recordarlo en una forma simple: desarrollo que respeta el ambiente y promueve la equidad con las generaciones actuales y futuras. Con esta sencilla afirmación se conceptualizan las ideas que se refieren a un sistema complejo social, ecológico y económico. Aquí, la complejidad no radica en la cantidad de entes sociales, ecológicos y económicos involucrados, sino en las fronteras tenues y sobrepuestas entre estos ámbitos y fundamentalmente en las interacciones entre sus entes, más importantes que los componentes (véase figura 45). Es decir, la complejidad de un sistema sustentable radica en que a pesar de una propuesta cooperativista entre sus partes, cada uno de los entes que lo componen parece demandar atención exclusiva propiciando la inequidad.

Expliquemos mejor esto. La sociedad demanda, de un desarrollo sustentable, la capacidad de alcanzar una mejor calidad de vida con satisfactores para todos sus miembros, y el ambiente natural exige respeto y preservación sin alteraciones al curso natural de los eventos. Sin embargo, estos dos aspectos pudieran contraponerse con el desarrollo económico, ya que generalmente el sector empresarial considera los recursos naturales y sociales y la capacidad de procesamiento natural como infinitos, lo cual significa que cada

Figura 45. Esquema del sistema complejo para el desarrollo sustentable.

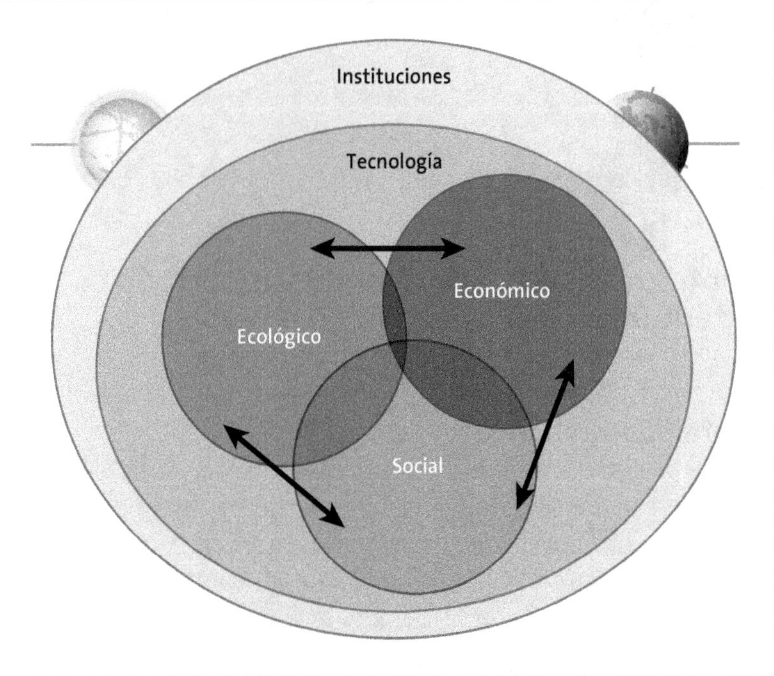

ente reclama atención exclusiva. El principal reto de la sociedad actual radica en propiciar un desarrollo sustentable que armonice en forma equitativa los aspectos antes mencionados; por esta razón, en el desarrollo sustentable son más importantes los procesos de interacción de las partes del sistema que sus elementos. Los procesos indicarán el camino a la sustentabilidad o a la destrucción del sistema; por ello es urgente la creación de instituciones encargadas de velar por el equitativo devenir de los procesos.

Un aspecto que se olvida frecuentemente es la innovación basada en la ciencia y la tecnología. Este tipo de innovación puede redundar en la conjunción virtuosa de los ámbitos ecológicos, económicos y sociales, de tal manera que en lugar de parecer antagónicos y contrapuestos se amalgamen en procesos cíclicos que no sólo no dañen a los componentes del sistema, sino que los catapulten al verdadero desarrollo. Por esta razón proponemos que la tecnología sea una base propiciadora del desarrollo sustentable, ya que necesariamente deberá corresponder a las características propias del entorno del sistema complejo.

Antes de continuar detengámonos en aclarar el concepto de sistema complejo. En muchos sistemas, constituidos por un gran número de elementos interactuantes se genera, bajo determinadas circunstancias, una fenomenología común y característica de la cual emergen nuevos patrones que trascienden las características de los elementos individuales debido a las intrincadas interacciones que se dan entre ellos. Un sistema complejo es más que la suma de sus partes; sus características también dependen de sus interacciones y generan una fenomenología diferente que no puede ser descrita por las características de sus elementos. Esta fenomenología común e interdependiente es la que debemos abordar si deseamos un desarrollo sustentable, relacionando las partes ambientales, económicas y sociales con la aplicación y la creación de instituciones que conduzcan los procesos hacia un sistema complejo y no solamente hacia sus elementos constitutivos.

La detección de las posibles tecnologías que permitan la adecuada interacción de los entes, a través de procesos que prevean la intrincada trama del sistema, las variantes económicas, vida cultural, ocio, bondades naturales del sitio, etc., será un punto medular para el desarrollo sustentable. A la detección debe sumarse el flujo coordinado de personas, alimentos, materia prima para el sistema industrial y empresarial, información y en especial energía, así como la dotación de servicios de toda índole para cada componente que interactúa; es decir, urge crear instituciones que conduzcan estos procesos y tomen en cuenta la participación activa de todos los involucrados.

Claramente los flujos en el sistema sobrepasan la capacidad inicial de las tecnologías y procesos actuales. La tecnología es una de las herramientas que puede resolver numerosas problemáticas y transformarse en un valor cultural. Por ejemplo, a principios del siglo XX la construcción de sistemas de transporte metropolitano subterráneos fue una alternativa para el flujo de personas, con un consumo energético menor al transporte individual; hoy, este transporte (Metro) tiene su propio valor histórico y cultural, aunque su valor tecnológico ha decaído.

Uno de los puntos más importantes para la búsqueda de sustentabilidad radica en soluciones tecnológicas apropiadas a cada entorno específico, que no pierdan de vista las características geográficas, climáticas, sociales, culturales, económicas, demográficas y naturales de cada lugar.

Veamos cómo la sustentabilidad puede verse en la macroescala: el planeta.

La sustentabilidad del planeta

A lo largo de su evolución, nuestro planeta ha pasado por diferentes estados. En un primer periodo de millones de años se vio sometido a múltiples fenómenos y ciclos naturales, así como a procesos geológicos y astronómicos como el movimiento de los continentes y la variabilidad de radiación solar sobre la superficie. Aún en esta etapa el mundo era muy cambiante; los diferentes entes competían entre ellos por los recursos, se desarrollaban, evolucionaban y se extinguían según las condiciones físicas del planeta. Lo que debe quedar claro es que los procesos de evolución y adecuación son naturales y suceden en escalas de tiempo de miles o millones de años.

Con la evolución de la agricultura el hombre amplió considerablemente su impacto sobre el planeta, que puede medirse por su huella ecológica. El impacto que causa una persona o comunidad sobre la Tierra, buscando satisfacer sus necesidades y absorber sus residuos, se conoce como huella ecológica. Durante esa época, el impacto de los seres humanos sobre la naturaleza era menor que en la actualidad, estaba localizado y se parecía mucho al del depredador común. No obstante, en la prehistoria, es decir en la época de los cazadores recolectores, la humanidad causó la extinción de los grandes mamíferos en el continente americano y de las grandes aves en Madagascar, por citar dos ejemplos. Aquí es importante subrayar el concepto de huella ecológica. La huella ecológica mide el desarrollo sustentable y es un instrumento que permite cuantificar la relación entre territorio y consumo humano.

A partir de la Revolución Industrial la sociedad dio un gran salto respecto de la prosperidad económica y los avances en la ciencia y la salud, aunque en perjuicio del desmedido consumo de recursos naturales. Hoy los seres humanos somos los principales causantes del cambio climático global y de la transformación de los ecosistemas, y hemos causado la extinción de numerosas especies de animales y vegetales, fenómeno que se aceleró a partir de la era industrial. Es decir, hemos dejado de ser un depredador normal y pasado a ser un ente con una huella ecológica marcada por la aniquilación de muchas otras especies y quizá del entorno favorable para el desarrollo mismo de la especie humana. Los rápidos cambios provocados por la actividad humana no han permitido a las demás especies y al entorno natural adecuarse a las nuevas situaciones; además, una gran parte de la población mundial está sometida a condiciones de pobreza. Es urgente replantear la relación de los seres humanos con el planeta, tratando de combinar la prosperidad que alcanzó la sociedad con la sustentabilidad. Debemos establecer mecanismos para crear oportunidades para el desarrollo económico, social y ambiental. Las acciones deben involucrar a todos los estratos de la sociedad y fomentar tanto el desarrollo socioeconómico como el ambiental en conjunto, sin sacrificar un aspecto en beneficio de otro.

En la actualidad la mayor parte de la población mundial vive en las ciudades. La concentración de personas y sus actividades genera importantes demandas y repercusiones no favorables al ambiente. Por otro lado, esta concentración facilita la provisión de servicios urbanos a menores costos y ofrece hasta cierto punto mayores oportunidades y calidad de vida. Saber cuánto puede desarrollarse el medio urbano antes de impactar negativamente a los ecosistemas exige un conocimiento detallado del sistema en su totalidad y establece un punto de equilibrio muy delicado que tiene que ver con cuántos recursos pueden utilizarse y asimilar el ambiente antes de que el uso provoque daños irreversibles.

Para cuantificar la huella ecológica se utilizan diferentes indicadores del consumo que se traducen en una cantidad de superficie de tierra productiva, necesaria para proveer los recursos y asimilar los residuos originados. Sus unidades son generalmente hectáreas de territorio por persona (ha/persona), y pueden relacionarse, en el caso de la evaluación de países, con el porcentaje de territorio que requeriría el país para cubrir las necesidades del consumo real de su población; todo ello incluye la importación de materia prima y combustibles, considerando el territorio, el agua y el aire indispensables para la producción de bienes o eliminación de la basura. Los países desarrollados tienen generalmente una huella ecológica mayor que los países en vías de desarrollo, y ésta ha ido cambiando en todo el mundo en las últimas décadas. En los años sesenta del siglo XX la actividad humana consumía 70% de lo que el planeta podía producir, en los ochenta ya era de 100%, mientras que para el año 2000 se calculó en 131%, es decir, hubo un exceso de 31% de consumo respecto de la biocapacidad de la Tierra pues se utilizaron los recursos de manera irreversible.

Existen dos problemas interrelacionados: 1) hemos sobrepasado la capacidad de la Tierra, y 2) este uso excesivo de recursos, así como elevados consumos, es el de unos cuantos humanos a costa de otros, inequidad que se agudiza constantemente. En 2005, la mitad de la huella ecológica de la Tierra fue atribuible a sólo 10 países, entre ellos Estados Unidos y China, responsables de 21% cada uno.

La huella ecológica atribuible a los diferentes países y el impacto global sobre el planeta se debe por supuesto a la suma de acciones de las diferentes comunidades y de cada uno de sus habitantes. Por ello, ésta puede analizarse también en función de las actividades humanas por sectores demandantes de superficie, como alimentación, vivienda, transporte, etcétera; así se sabrá en qué ámbitos es prioritario incidir para revertir tendencias negativas.

Todo habitante de una comunidad es responsable, como consumidor, de su huella ecológica y de las consecuencias ambientales y sociales derivadas de ésta. Opciones sensatas y solidarias de consumo podrían revertir la tendencia de este tipo de indicadores; lo ideal sería no consumir más allá de lo necesario. Reducir, reutilizar y reciclar la basura generada por cada individuo ahorra recursos no renovables y disminuye la contaminación. Otras acciones como utilizar el transporte público, economizar agua y por supuesto apostar a las energías renovables son decisiones individuales que colaborarían en conjunto con un futuro mejor para el planeta.

Las energías renovables en las ciudades

El conocimiento del clima y las características y recursos del sitio han sido fundamentales para la localización de asentamientos humanos. En cambio, las tendencias imperantes de la arquitectura y el diseño urbano frecuentemente parecen ignorar el potencial del clima y las energías renovables, acercándose a las condiciones de confort térmico por medios pasivos. Las consecuencias de esto pueden medirse en impactos ambientales, sociales y económicos.

No obstante, el consenso entre los diseñadores urbanos, planificadores territoriales y gobiernos de los países desarrollados señala que el actual modo de vida en las ciudades es insostenible ambiental, social y económicamente. Por esto, es urgente tomar las medidas necesarias para revertir dentro de lo posible los daños al ambiente a nivel global y regional. Es urgente, también, considerar el impacto ambiental causado por los edificios, el transporte, la industria y el comercio, la agricultura, las actividades educativas, de salud y recreativas, replanteando el modo de vida sobre todo en las ciudades. El crecimiento de la población, el grado de desarrollo y la naturaleza de las actividades económicas determinan la proporción del problema ambiental causado.

Además de una gestión energética eficiente, para el diseño sustentable de las ciudades debe planearse la gestión del agua y la basura, el sistema de transporte, el uso de fuentes renovables como combustible y el control de la contaminación del aire y lumínica.

La selección del sitio es fundamental: la topografía, la pendiente del terreno, la forma del asentamiento y la orientación se determinarán de acuerdo con el clima y los recursos naturales disponibles. El control de la densidad urbana, las alturas de construcción, el diseño de espacios exteriores para crear microclimas y zonas exteriores habitables, la disponibilidad y acceso a la radiación solar y al viento de acuerdo con la trama urbana (véanse figuras 46 y 47), facilitan en gran medida el control del clima en la

Figur 46. En otras épocas las ciudades se construían sin prever que todos los edificios tuvieran acceso al Sol y a la ventilación. La excesiva humedad y las infecciones proliferaron. El Barrio Gótico de Barcelona, España.

ciudad y la posibilidad de aprovechamiento de las energías renovables, así como un cierto control sobre la calidad del aire.

El uso de materiales apropiados según el clima, tanto en los edificios como en el medio urbano, propicia el ahorro de energía de climatización y ambientes exteriores más agradables, minimizando los efectos de isla de calor en las ciudades.

Figura 47. Áreas exteriores diseñadas para su habitabilidad y que minimizan los efectos de la isla de calor urbana.

Las primeras consideraciones que se deben tener en cuenta para la gestión de los recursos energéticos se basan en utilizar la energía de un modo eficiente, es decir sin desperdiciarla en las actividades que la requieran. Por otro lado, algunas medidas de ahorro, manejo y generación de energía tienen más impacto si se aplican a gran escala, y no individualmente en cada edificio. Ejemplos de esto son las plantas de generación de energía con tecnología fotovoltaica, plantas de concentración solar, plantas hidroeléctricas y de energía eólica.

Los sistemas urbanos y la ecuación de la sustentabilidad

Como se mencionó, la mayor parte de la población mundial se agrupa en las ciudades. Las ciudades viven hoy en una encrucijada: aspectos como renovación de la infraestructura urbana, crecimiento poblacional y degradación del entorno, particularmente contaminación y cambio climático, orillan a nuevas estrategias de planeación urbana.

Puesto que la ciudad es un sistema complejo necesita, para su subsistencia, flujos de materia y energía (recursos naturales) que obtiene de la explotación de otros sistemas de la naturaleza. De este modo todo sistema urbano aumenta su complejidad y organización a expensas de la degradación de los ecosistemas.

Los flujos de materia y energía de la naturaleza proceden de cualquier parte del mundo hacia los sistemas urbanos los cuales, según el modelo de organización de su territorio (gestión de la energía, del agua y los residuos, transporte), se mantendrán organizados en mayor o menor medida; también, según estos modelos, aumentará o disminuirá la explotación de recursos naturales en el mundo. Del sistema urbano salen a su vez diferentes residuos contaminantes, que contribuyen como segunda causa a la degradación y explotación de los ecosistemas. Después de un proceso de reciclado, estos residuos podrían convertirse en una nueva materia primera que reingresa al sistema, disminuyendo la contaminación. De la organización de la ciudad depende por lo tanto el grado de explotación de la naturaleza y el impacto contaminante, tanto a escala local como global.

El actual modelo de funcionamiento de las ciudades se apoya en una lógica económica y deja en un segundo término los aspectos ambiental y social. Los criterios económicos basados en la explotación de recursos para la producción de bienes de consumo —como estrategia de competitividad— son los que provocan el aumento constante de la explotación de recursos naturales y el impacto sobre el ambiente. El consumo es, pues, un indicador del crecimiento económico, aunque esto no debe confundirse con el desarrollo.

Como ya se dijo, es necesario articular los tres aspectos que intervienen en el desarrollo sustentable —economía, ambiente y sociedad— al mismo tiempo y con igual importancia para lograr una organización urbana sustentable.

Otro aspecto que no se mencionó y que interviene en el proceso de organización sustentable de los sistemas urbanos está constituido por la información organizada y adecuadamente disponible. En la naturaleza, los sistemas biológicos ponen en evidencia cómo desde estructuras sencillas se pasa a estructuras más complejas; por ejemplo, de moléculas a especies complejas —los humanos—, a través de procesos como la evolución de las especies y la sucesión de los ecosistemas. En la naturaleza estos procesos se llevan a cabo minimizando la entropía; es decir, gracias a la energía que entra en el sistema aumenta su organización, y esto disminuye la entropía. En particular, la Tierra recibe energía solar, que es el origen de la vida; pero éste no es el caso de los procesos seguidos para la evolución de las ciudades, en los que no se aplica la lógica de un uso de energía externa al sistema, ya que el aumento de su complejidad se hace a partir de un aumento del consumo de los recursos del planeta, de acuerdo con la actual estrategia económica para la competitividad. La eficiencia urbana podría expresarse como el cociente entre la complejidad de una ciudad (información organizada) y la energía (como indicador del consumo de recursos) que se necesita para mantener esa complejidad. La evolución de la eficiencia en función del tiempo indicaría el grado de sustentabilidad de un sistema.

Un modelo de ciudad sustentable sería por lo tanto el que redujera paulatinamente el consumo de recursos del planeta, por ejemplo, la energía, y al mismo tiempo aumentara su complejidad y organización urbanas invirtiendo la tendencia actual. El uso de fuentes renovables de energía es imperioso.

En la sociedad actual, la energía consumida de fuentes no renovables aumenta en el tiempo sin que la organización urbana que soporta los servicios aumente significativamente, por lo que el proceso crece hacia la ineficiencia. Por el contrario, el aumento de la eficiencia y el uso de fuentes renovables de energía en el tiempo indicaría el camino correcto hacia la sustentabilidad. Es importante, dado que la energía es el único recurso que entra en el sistema, que el uso y disposición de los demás recursos materiales se mantengan en una lógica de reúso y manejo adecuado de ellos.

La ciudad de la información y el conocimiento

Las esperanzas del futuro urbano enunciadas en forma de planes, estrategias y normatividad para reducir el consumo de recursos naturales —energía, agua, territorio—, inciden sobre el eje principal de la sustentabilidad, pero también de algún modo afectan los estilos de vida de la sociedad basados en el consumo. Una nueva estrategia de desarrollo implicaría cambios en la sociedad difíciles de realizar, a menos que en este proceso se incorporara el segundo eje de la sustentabilidad: información y conocimiento, capaz de atenuar el daño del cambio sobre los diferentes elementos del sistema y conducir a una satisfactoria combinación entre desarrollo y sustentabilidad.

Tanto la información como el conocimiento de los sistemas urbanos radican en las empresas, entes gubernamentales y asociaciones civiles, es decir, las instituciones, cuyas características determinan el grado de complejidad y organización del sistema. Su información y conocimiento sobre la problemática local, particularmente sus opciones en ciencia y tecnología, determinan las acciones que habrán de tomar en múltiples aspectos como diseño urbano acorde con el clima, planificación territorial, gestión del transporte, gestión del agua y los residuos, incorporando el reciclado en estos últimos casos. En lo concerniente a la gestión de la energía, es importante prever el manejo, ahorro y uso de fuentes renovables; promover y facilitar la generación de energía a nivel individual —en cada edificio—, aunque algunas estrategias como plantas de generación de energía eólica, plantas hidroeléctricas o de concentración solar tienen un menor índice de sustentabilidad si se diseñan a gran escala.

Es posible establecer parcialmente el grado de complejidad de un territorio analizando la diversidad de sus "portadores de información" (individuos, comercios, asociaciones con características no repetitivas). La densidad de portadores de información en un espacio delimitado da una idea de la cantidad de información contenida. Cuanto más densa y compacta sea una ciudad y mayor su diversidad, mayor será la cantidad de información que contenga. La diversidad se refiere tanto a lo cultural y étnico como a la variedad de usos y funciones que intercambian información.

Las ciudades más dispersas y homogéneas contienen una variedad limitada de portadores de información. Las funciones que se desarrollen también serán limitadas y los espacios destinados a una función predominante quedarán vacíos muchas horas del día o periodos del año; además, la separación física de espacios por la poca densidad provoca segregación social entre los grupos, según las diferencias étnicas, económicas y religiosas. La ciudad dispersa es por lo tanto inestable, y resulta económicamente menos costeable mantener sus servicios urbanos.

Por el contrario, en las ciudades más compactas y mixtas hay mayor diversidad de flujos de información y oportunidades; esto las hace socialmente más estables. Además existe más estabilidad económica pues la proximidad entre las actividades económicas, de investigación o de educación es generadora de creatividad. Para incluir a las actividades industriales, se necesitan tecnologías limpias. Las tecnologías de la información y la comunicación, por ejemplo, hacen posible la compatibilización de usos y actividades diversas.

Un aumento de la complejidad urbana (información organizada) debería ir a la par de un aumento de las actividades densas en conocimiento, también denominadas actividades @, es decir, actividades que tienen información como valor agregado. En el medio urbano, por ejemplo, se manifiesta en viviendas con @ (de alta eficiencia energética y sistemas inteligentes), en espacios públicos con @, edificios públicos con @ o incluso productos de consumo con @.

El conocimiento es el motor del desarrollo tecnológico, que ha avanzado en aspectos como la tendencia a disminuir el tamaño de los aparatos electrónicos, disminuir el consumo de energía y aumentar sus prestaciones (televisores, teléfonos móviles, computadoras).

De manera más amplia, la tecnología derivada del conocimiento aporta constantemente soluciones innovadoras a muchos problemas: salud, materiales diseñados para fines específicos, software y automatización, entretenimiento, etcétera. Es necesario fijar los objetivos precisos para abordar este reto impostergable a través del conocimiento y la tecnología, entendiendo que las soluciones deben ser a la medida y sobre todo locales o regionales, acordes con las características del ambiente y la sociedad. Habrá que resolver el dilema de la inclusión de nuevas tecnologías con los conocimientos locales y crear aplicaciones innovadoras en función de las demandas ambientales y sociales específicas de los lugares.

Sería muy difícil tender hacia un modelo de ciudad sustentable sin la aplicación del modelo de la ciudad y la sociedad del conocimiento. Aspirar a la sociedad de la información y el conocimiento y reducir los actuales problemas ecológicos al mismo tiempo, son dos de los retos más importantes. Soluciones sustentables integrales aplicadas a las ciudades no sólo garantizan su habitabilidad, sustentabilidad ecológica y costeabilidad, también son parte de la solución para contrarrestar el cambio climático global, con todos los efectos negativos que esto implica para la naturaleza y para el ser humano.

La innovación basada en la ciencia y la tecnología puede redundar en la conjunción virtuosa de los ámbitos ecológicos, económicos y sociales, de tal manera que en lugar de parecer antagónicos y contrapuestos se amalgamen en procesos cíclicos que no sólo produzcan el menor daño para todos los componentes del sistema, sino que los catapulten al verdadero desarrollo. La tecnología debe ser la base para propiciar el desarrollo sustentable, siempre y cuando la tecnología corresponda a las características propias del entorno del sistema complejo.

Transporte, comunicación e información

Gran parte de los combustibles fósiles se utilizan en el transporte de personas y de mercancías. El desarrollo de los viajes y el comercio, junto con un aumento sin precedentes en la información, marcan nuestra época tan favorecida energéticamente. El transporte asistido se realizó inicialmente con el apoyo de ciertos animales, y del viento en el transporte por agua. Los primeros aparatos sin estos apoyos fueron los trenes; actualmente la electricidad los ha llevado a velocidades cercanas a 300 km/h. Las máquinas de vapor y los motores de combustión interna cambiaron rápidamente a las sociedades; por ejemplo, los primeros barcos de vapor no eran muy eficientes pero mejoraron muy pronto, sobre todo en el transporte de carga y mercancías; más adelante, los aviones se volvieron la competencia para el transporte humano. No podemos soslayar en el transporte marítimo a los submarinos y su importancia en la estrategia militar y el aprovechamiento de energía nuclear.

Los motores con ciclos de Otto hicieron de la industria del automóvil la más pujante del siglo XX y permitieron a las personas una movilidad individual nunca antes imaginada; más tarde, con el invento de la turbina de gas se dio un uso comercial y militar a los aviones y a los jets. Estamos hablando de verdaderas revoluciones en el transporte, que es la actividad humana que más energía consume; el transporte es, por lo tanto, un sector en el que hay que buscar estrategias de uso racional y eficiente de la energía. No se trata de restringirlo en la era de la comunicación, lo que influiría sobre la economía y las relaciones sociales, pero sí de hacerlo más eficiente y responsable con el ambiente. Por otro lado, la eficiencia no sólo radica en los avances tecnológicos, sino en adecuadas estrategias globales y urbanas de manejo de flujos de materia y energía. Una estrategia importante es mejorar el transporte público y otra, que además beneficia a la salud, es el uso de la bicicleta.

La bicicleta es el método más eficiente de aprovechar la energía humana para el transporte. La primera bicicleta, que podía dirigirse pedaleando, la construyó un herrero escocés llamado Kirkpatrick Macmillan en 1839, imitando un modelo que ya se podía balancear diseñado por el alemán Karl von Drais en 1817, quien la llamó la "máquina de correr". El invento original mejoró tras sucesivas innovaciones

Pronto se volvió el mejor transporte individual, además de que proporcionaba entretenimiento y deporte. En Asia, muy particularmente en China, es donde se producen más bicicletas. Con este transporte el ser humano consigue la mayor potencia posible, porque aprovecha los músculos más largos de las piernas y maximiza la conversión de energía metabólica en energía de rotación. La velocidad más adecuada para ser sostenida es de 40 a 50 rotaciones por minuto, con el asiento levantado unos 4 o 5 cm sobre la altura usual. Aunque el modelo sea el mismo, actualmente se hacen bicicletas de materiales livianos como el aluminio, o aleaciones de titanio y materiales compuestos. También se han diseñado trajes y cascos aerodinámicos y se ve con asombro cómo caen los récords de velocidad en bicicleta en las diferentes competencias gracias a los avances tecnológicos.

Simultáneamente, con la revolución del transporte se dio la revolución de la comunicación. Los teléfonos ofrecieron la primera gran oportunidad de comunicación remota, seguidos por la radio y la televisión. Durante unos 20 años las computadoras pertenecieron a las instituciones —universidades, bancos—, que hacían cálculos específicos; con el invento del chip y los circuitos integrados las computadoras se volvieron poderosas herramientas personales.

Los teléfonos originales eran equipos electromecánicos muy sencillos cuyo funcionamiento demandaba poca energía, que recibían de una batería apoyada por un generador de emergencia. Los teléfonos electrónicos incorporaron un microchip y pequeñas computadoras con memoria para marcar apretando botones en vez de hacerlo rotando un disco. El paso siguiente fueron los teléfonos celulares, inalámbricos o móviles, cada vez más livianos, pequeños y con múltiples funciones.

Un paso fundamental para la comunicación remota fueron los satélites geoestacionarios y también las fibras ópticas, que permiten transportar más información y más rápidamente con pulsos de luz, a diferencia de los electrones en alambres de cobre. La transmisión por televisión mediante ondas electromagnéticas aéreas empieza a quedarse rezagada a causa de la televisión por cable, las películas y los juegos, además de las computadoras. Seguimos llamándolas "computadoras" aunque la mayoría de los usuarios no hace ya cómputo numérico; sólo se sirve de ella como medio para generar, guardar y transmitir información. Los radios como parte de sistemas compactos de audio consumen poca energía (entre 10 y 30 W de potencia). Los modernos televisores de color (potencia de 50 a 100 W) gastan aproximadamente la mitad de lo que gastaban hace una generación. Las computadoras requieren de una fuente de electricidad confiable, pero no consumen demasiada energía y cubren necesidades laborales, de comunicación y entretenimiento. Necesitan alrededor de 100 W de potencia y han mejorado notablemente el gasto de las primeras que se fabricaron. Su reto técnico es el manejo del calor.

Transporte, información y comunicación son parte fundamental de la vida diaria. En los ejemplos mencionados se muestra una evolución que tiende a la incorporación de conocimiento o información, a una disminución de los consumos y tamaños y a un aumento de las prestaciones de los diferentes dispositivos y medios. Este camino puede conducir en algún aspecto a la sustentabilidad en tanto que la energía está en todas partes y define los estilos de vida. Una vez más, para mantener esos estándares y hacerlos llegar a los que no los tienen, hay que buscar un desarrollo sustentable con el uso de fuentes renovables de energía.

Fuentes de energía y su repercusión en la atmósfera

La economía mundial está basada en la energía que proviene de los combustibles fósiles. El abuso de estos combustibles en el mundo ha sido el causante de dos hechos importantísimos: un declive en la producción petrolera —los yacimientos de baja profundidad han mostrado un agotamiento—, y el rompimiento del equilibrio del ciclo biológico y biogeoquímico del CO_2, es decir, el llamado efecto invernadero.

Por otro lado, la industria del petróleo y su transformación en energía mecánica o eléctrica para el transporte implica otra serie de procesos de alto riesgo que dañan la salud del hombre y de las especies vivas: las sustancias tóxicas escapan a la atmósfera cuando se manejan y queman combustibles fósiles en centrales térmicas, calefacciones y motores de automóvil. La alternativa de solución de estos procesos no sustentables está en seleccionarlos de acuerdo con un criterio de mínimas emisiones enviadas a la atmósfera, máximo rendimiento energético y mínimo costo económico y social: una tarea complicada.

El consumo del petróleo y de los combustibles no sólo afecta a la atmósfera, también el agua del mar y de los ríos se altera gravemente por los vertidos petroleros, lavado de carbón y refrigeración de centrales térmicas. Los vertederos accidentales ocurren por la rotura de un depósito o el naufragio de un buque petrolero; pero también las prácticas poco escrupulosas de lavado de tanques y cisternas o de disposición de aceites usados dañan el ambiente. El calentamiento del agua en una central eléctrica se produce cuando se refrigera el vapor "muerto" —que ya ha pasado por la turbina— para convertirlo de nuevo en agua líquida; el agua caliente forma una cola de contaminación térmica en las aguas que están por debajo de la central. Una alternativa sería la refrigeración en circuito cerrado. El lavado de carbón, que elimina impurezas y aumenta su valor comercial, produce polvo de carbón en suspensión el cual, si se vierte sin control en un río, acaba con la vida acuática en varios kilómetros aguas abajo. Efectos similares dañan los suelos.

En las plantas nucleoeléctricas el combustible para los reactores, una vez agotado, es un residuo nuclear de alta actividad, capaz de emitir radiaciones nocivas durante miles de años; actualmente se guarda en depósitos dentro de las centrales, pero es necesario encontrar una solución segura para su tratamiento definitivo. Hasta hoy no existe una solución propiamente sustentable para los residuos radiactivos, apenas una necesidad prioritaria reducir sus riesgos.

Por ello es imprescindible identificar acciones que ofrezcan alternativas en la generación de energía con el menor impacto al ambiente, que puedan proporcionar un futuro sustentable con tecnologías no dependientes del exterior y establecerse y aplicarse en los diferentes sectores de consumo de energía. Una alternativa inmediata es hacer un uso eficiente y ahorro de la energía.

Ahorro y uso eficiente de la energía

Es claro que la necesidad energética mundial no parará la demanda de los combustibles fósiles de golpe. La razón principal es su gran capacidad para hacer trabajo debido a su alta densidad energética; la sociedad tendrá que hacerlo paulatinamente. Posibles estrategias futuras serían:

- Diseñar políticas gubernamentales que disminuyan la cantidad de energía usada en los diferentes sectores. En el sector eléctrico aplicar tecnologías con mayor rendimiento que limiten las emisiones tóxicas; instalar equipos industriales de alta eficiencia y eliminar equipos viejos mediante políticas de fomento de sustitución; invertir en aparatos electrodomésticos de mayor eficiencia y en iluminación de alto rendimiento en lúmenes por watt, en diseños bioclimáticos para aprovechar la luz natural y en la disminución de las cargas térmicas. Dado que el sector transporte es de los más contaminantes, en las grandes ciudades es aconsejable implantar sistemas de transporte eléctrico colectivo, impulsar el desarrollo de automóviles híbridos, y diseñar motores de mayor rendimiento que acepten otro tipo de combustibles.
- Implantar acciones para reducir el uso de combustibles fósiles promoviendo una canasta de energéticos generados con fuen-

tes renovables; se identificarán los nichos de aplicación y sustitución de éstos.

- La energía solar tiene características claramente sustentables, es inagotable, limpia y gratuita. Los avances científicos y de desarrollo tecnológico, realizados a la fecha en tecnologías como la fototérmica y la fotovoltaica, han conseguido que su transformación en energía útil sea de gran aplicación, y por ello hoy es la opción energética de más rápido crecimiento. Esto ha permitido diseñar políticas de fomento de uso de tecnologías basadas en dicha energía —para uso doméstico y grandes industrias—, incluyendo a la compañía suministradora de potencia. Reducir el precio de estas instalaciones y elevar el rendimiento de los paneles solares es una medida fundamental para garantizar su futuro.
- La energía eólica ofrece otra alternativa energética en sitios en donde el recurso sea adecuado para ello. Dado el avance tecnológico de aerogeneradores con capacidad de producción en el orden de los megawatts, se debe impulsar la creación de granjas eólicas. Sin duda, la energía eólica es una alternativa económica a las plantas de potencia actual basadas en la quema de combustibles fósiles. La transformación es limpia, sin consumo de combustibles, es decir que no se producen desechos contaminantes y, sobre todo, es una tecnología de fácil adopción. Sin embargo, la aleatoriedad en la producción a merced de los caprichos atmosféricos, ha sido una barrera para su implantación a gran escala, aunque la industria eólica está trabajando para mitigar este problema mediante sistemas de predicción de la distribución de la fuerza del viento.
- La biomasa es otra fuente a considerar en la canasta básica energética: residuos forestales y de fábricas de muebles, cortes de leña, residuos vegetales; todo ello puede convertirse en combustible empleándolo directamente en bruto o bien transformado en briquetas u otras modalidades comerciales; incluso es útil para elaborar biodísel.

• La energía hidráulica sigue ofreciendo nichos de aplicación. Aunque ya casi está cubierto el potencial hídrico del mundo con unidades de transformación de alta potencia, quedan todavía sitios en donde sistemas mini y micro pueden usarse para abastecimiento eléctrico local.

Como se estableció, el desarrollo sustentable es el que se lleva a cabo sin comprometer la capacidad de las generaciones futuras para satisfacer sus propias necesidades, manteniendo la igualdad en cada generación. Lograr esta meta exige cambiar las políticas de desarrollo. Tiene que haber un cambio de acceso a los recursos, un cambio en la distribución de los costos y los beneficios y, sobre todo, nuevos paradigmas, es decir nuevos modelos o patrones de desarrollo.

Un punto fundamental es el ahorro de energía. Su potencial de ahorro para un desarrollo sustentable puede ser muy alto si se dan las condiciones adecuadas que propicien su uso racional. Menor consumo de energía no debe implicar menor crecimiento económico ni menor bienestar. Un uso más eficiente también ahorra capital y reduce la contaminación ambiental. Hay dos estrategias básicas para ello: una, con mejores tecnologías, cambiando los servicios que nos aportan energía; por ejemplo, usar focos ahorradores o de LEDs, sistemas de cogeneración, aislantes térmicos en las tuberías, entre otros. Otra, cambios en los patrones sociales de comportamiento para reducir la necesidad energética; por ejemplo, un mayor uso del transporte colectivo, reciclaje de materiales, menor consumo de materiales desechables.

Existe la necesidad de establecer una política energética que apunte a cuatro aspectos básicos: "un abasto seguro, de calidad y costos razonables; un compromiso real con el medio ambiente; la satisfacción total de los requerimientos energéticos de la población y la reducción de la dependencia energética nacional de importaciones" (Gil y Chacón, 2008, p. 290).

La energía es necesaria para que la sociedad funcione, aun en aplicaciones tan básicas como la producción de alimentos. El desarrollo y confort dependen de nuestra capacidad de aprovechamiento y de la diversificación de las fuentes de energía, pero los combustibles fósiles se están acabando y además su combustión produce gases de efecto invernadero, causa fundamental del cambio climático. Una solución para mitigar el cambio climático y mantener el desarrollo son las fuentes renovables, que perduran y no contaminan; sin embargo, sea cual sea la fuente o el combustible empleado, hay que insistir en el ahorro de energía.

Las opciones para el desarrollo sustentable solamente pueden ser vislumbradas por las personas que conocen el lugar y sus interacciones actuales y pasadas. Los conocimientos acumulados en el saber local son primordiales para la construcción de nuevas alternativas de sustentabilidad. Por supuesto que el conocimiento de procesos exitosos en otros lugares, así como el de nuevas tecnologías y avances científicos son una fuente invaluable de información que debe estar disponible para su aplicación bajo las características propias de cada región.

La experiencia humana ha mostrado que para construir planes y posteriormente llevarlos a cabo se requiere del concurso de los actores involucrados, y una metodología democrática participativa brinda la oportunidad de la interacción entre ellos.

La participación de la sociedad organizada es el pilar fundamental para la planeación del desarrollo sustentable de cualquier lugar. Todas las acciones deben emanar de la discusión colectiva a través del consenso para poner en marcha un proceso de transformación hacia la sustentabilidad ecológica, económica y social deseada. La forma de participación debe conducirse en un ambiente de tolerancia y respeto a los actores, diversos y en algunos casos antagónicos.

La participación social debe institucionalizarse; es decir, la sociedad creará las instituciones que, de acuerdo con un entorno ambiental, social y económico, conduzcan las acciones para armonizar los ámbitos del desarrollo sustentable poniendo en marcha las tecnologías que resolverán las demandas de los entes basadas en el entorno.

En suma, para lograr un desarrollo sustentable es indispensable difundir información tecnológica entre la gente y que con su participación sea posible construir procesos tecnológicos que amalgamen los entes económicos, ecológicos y sociales de la región. En estos procesos el uso de fuentes renovables de energía es prioritario.

Glosario

Plasma. Se conoce como plasma a un gas que tiene cargadas eléctricamente la mayoría de sus partículas. El Sol está compuesto por este tipo de gases.

Equilibrio termodinámico. Es el estado de un sistema en el cual sus propiedades físicas no cambian en el espacio y en el tiempo, es decir es un estado homogéneo y estacionario.

Equilibrio hidrodinámico. Es el estado de un fluido en reposo.

Reacción protón-protón. Cuando dos protones a muy alta velocidad se aproximan se van frenando debido a la fuerza electromagnética de repulsión entre ellos, sin embargo si su energía es suficiente se aproximan a una distancia donde opera la fuerza fuerte y entonces se ligan formando un núcleo de dos protones. A esto se le conoce como reacción protón protón.

Ley de refracción de Snell. Es una ley de la óptica que describe la desviación que sufre un rayo de luz al pasar de un medio a otro, por ejemplo al pasar del aire al agua la luz se desvía. Por esta razón al meter parte de un lápiz al agua vemos como si se doblara.

Transferencia convectiva de calor. Cuando calentamos una olla con agua observamos que paulatinamente el agua se calienta y pronto observamos que el agua se mueve de abajo hacia arriba, con este movimiento el agua transporta energía de la parte baja a la parte alta. A este fenómeno se le conoce como transferencia convectiva de calor.

Bibliografía

Capítulo 1

Butti, Ken, y John Perlin, *A golden thread, 2 500 years of solar architecture and technology*, EUA, Cheshire Books, 1980.

Conde, Cecilia, *México y el cambio climático global*, La ciencia de boleto, Dirección General de Divulgación de la Ciencia, México, UNAM, 2006.

Earth 3.0, *Solutions for sustainable progress*, Special Issue *Scientific American*, 2008.

Earth Policy Institute, www.earth-policy.org

Friedman, Thomas, Farrar, Starus y Giroux, *Hot, flat and crowded*, Nueva York, EE.UU, 2008.

Sánchez, Ana María, María Trigueros, y Julia Tagüeña, *Energía*, México, UNAM, 1999.

Schipper, Lee, *Energy efficiency and human activity: Past trends, future prospects*, Cambridge, Cambridge University, 1992.

Schoijet, Mauricio, "Historia de la energía", *Elementos* 44, 31, 2002.

Smil, Vaclav, *Energies*, EUA-Inglaterra, The MIT Press, 1999.

Tagüeña, Julia, y Manuel Martínez, "Energía", *Revista Digital de la UNAM*, núm. 2. vol. I, 30, México, 2000.

Tagüeña, Julia, y Manuel Martínez, *Fuentes renovables de energía y desarrollo sustentable*, ADN Editores y Consejo Nacional para la Cultura y las Artes, 2008.

Toffler, Alvin, *La tercera ola*, Barcelona, Plaza y Janés, 1981.

Tonda, Juan, *El oro solar y otras fuentes de energía*, La ciencia para todos, núm. 119, México, Fondo de Cultura Económica, 1998.

Capítulo 2

Ana Maria Sánchez, Maria Trigueros, Julia Tagueña, *Energía*, UNAM, México, D. F., 1999.

Julia Tagüeña y Manuel Martínez, *Fuentes renovables de energía y desarrollo sustentable*, ADN y Consejo Nacional para la Cultura y las Artes, 2008.

Sofía Peniche, Juan Carlos. Castro, Oscar Alfredo Jaramillo y Jesús Antonio del Río, *Estufa Solar*, UNAM-Editorial Terracota, 2013.

Osvaldo Rodríguez, Oscar Alfredo Jaramillo y Jesús Antonio del Río, Aerogeneradores, UNAM-Editorial Terracota, 2013.

Julia Tagüeña, y Manuel Martínez, "Energía", *Revista Digital de la UNAM*, No. 2. Vol. I, 30, México (2000).

Jesús Antonio del Río, Jorge Alejandro Wong y Y, Vargas, *Calentador solar*, UNAM-Editorial Terracota, 2013.

Omar Msera, Fermín Morales, Carlos García, Alfredo Fuentes e Iván Cumana, *Biodiésel*, UNAM-Editorial Terracota, 2013.

Isaac Pilatowsky y Margarita Castillo, *Destilador Solar*, UNAM, Editorial Terracota, 2013.

Julia Tagüeña, Isaac Pilatowsky y Yolanda Ramírez, *Secador Solar de Alimentos*, UNAM-Editorial Terracota, 2013.

David Riveros, Mauro Váldes, Camilo Arancibia y Roberto Bonifáz, *La Radiación Solar*, UNAM-Editorial Terracota, 2012.

Isaac Pilatowsky Figueroa y Rodolfo Martinez Strevel, *Sistemas de Calentamiento Solar de Agua. Una Guia Para El Consumidor Editorial*, Trillas, México, 2010.

Edgar Santoyo, Erika Almirudis y Jorge Alejandro Wong, *Geotérmia: Energía de la Tierra*, UNAM-Editorial Terracota, 2012.

César Ángeles y Oscar Alfredo Jaramillo, Granjas Eólicas, UNAM-Editorial Terracota, 2012.

Juan Tonda, *El oro solar y otras fuentes de energía*, La ciencia para Todos, número 119, Fondo de Cultura Económica, México (1998).

Capítulo 3

Comisión Nacional de Ahorro de Energía, Desde el hogar. Extraído el 2 de septiembre de 2008, de http://www.conae.gob.mx/wb/CONAE/CONA_9_desde_el_hogar

Consejo Nacional de Vivienda (Conavi, antes Conafovi), Guía Conafovi: Uso eficiente de la energía en la vivienda, México, 2006.

Corominas, Joaquín, Energía y buenas prácticas. Introducción histórica al uso de la energía en las ciudades de nuestro entorno. Extraído el 26 de septiembre de 2008, de http://habitat.aq.upm.es/cs/p3/a017.html

Energy Information Administration, del Departamento de Energía de Estados Unidos DOE, en http://ww.eia.doe.gov/oiaf/ieo/world.html

Givoni, Baruch, *Climates considerations in building and urban design*, EUA, John Wiley & Sons, 1998.

Hunn, Bruce D. (ed), *Fundamentals of Building Energy Dynamics*, Massachusetts, MIT Press, 1996.

Instituto Nacional de Ecología (INE), Secretaría de Medio Ambiente y Recursos Naturales. Inventario nacional de gases de efecto invernadero, 1990-2002.

International Solar Energy Society (ISES) & Donald W. Aitken, White Paper, *Transitioning to a renewal energy future*, Alemania, 2003.

International Energy Agency (IEA), 2008. Energy Efficiency Requirements in Building Codes, Energy Efficiency Policies for New Buildings, en http://www.iea.org/g8/2008/Building_Codes.pdf

Izard, Jean Louis, *Arquitectura bioclimática*, México, Gustavo Gili, 1983. (Traducción de Archi Bio, 1979.)

London Metropolitan University, "Low Energy Architecture Research Unit", 2002. *Energy, comfort and buildings*. Core modules EU TAREB project, en http://ww.learn.londonmet.ac.uk/packages/tareb/en/index_ecb.html

Mazria, Edward, *El libro de la energía solar pasiva*, México, Gustavo Gili, 1983. (Traducción de *The Passive Solar Energy Book*, 1979.)

Olgay, Víctor, *Arquitectura y clima. Manual de diseño bioclimático para arquitectos y urbanistas*, Barcelona, Gustavo Gili, 1998. (Traducción de *Design with climate*, 1963.)

Rueda Palenzuela, Salvador, *Un nuevo urbanismo para una ciudad más sostenible*. Primer Encuentro de Redes de Desarrollo Sostenible y de Lucha contra el Cambio Climático, 2007. BCN

ECOLOGIA. Extraído el 26 de septiembre de 2008, de http://www.bcnecología.net/documentos/Un%20nuevo%20urbanismo%20para%20una%20ciudad%20mas%20sostenible.pdf

Sener, *Balance Nacional de Energía 2006*, México, 2007.

Serra, Rafael, *Arquitectura i máquina*, Barcelona, Edicions UPC, 1998.

Serra Florensa Rafael, y Helena Coch Roura, *Arquitectura y energía natural*, Barcelona, Edicions UPC, 1995.

Sociedad Andaluza de Educación Matemática Thales 2000. El cambio climático y el efecto invernadero. Extraído el 21 de septiembre de 2008, de http://thales.cica.es/rd/Recursos/rd99/ed99-0151/capitulos/cap7.html

University College Dublin, Energy Research Group, *Bioclimatic Architecture*, THERMIE Publications, 1997.

University College Dublin, Energy Research Group, *Sustainable Urban Design*, Irlanda, Energy Publications, 2000.

Vitruvio Polión, Marco, *Arquitectura. Libros I-IV*, Madrid, Gredos, 2008.

Capítulo 4

Bueno González, Ester, *Nuestra huella ecológica*, Centro Nacional de Educación Ambiental (Ceneam), 2010. Extraído el 18 de junio de 2010, de http://www.mma.es/ceneam

Busky, Peter, *Moving from buildings to communities: the future of sustainable design*, 2009, en Proceedings PLEA 2009, Quebec, Vol. 22-24, junio de 2009, pp. 234-236.

Comisión Federal de Electricidad, Programa de Ahorro de Energía del Sector Eléctrico CFE-PAESE, http://www.cfe.gob.mx

Comisión Nacional para el Uso Eficiente de la Energía (Conuee), http://www.conae.gob.mx

Energy Research Group, University College Dublin, *Sustainable urban design*, Irlanda, Comisión Europea, 2000.

Fideicomiso para el Ahorro de Energía Eléctrica (Fide), http://www.fide.org.mx

Gil Valdivia, Gerardo, Chacón Domínguez, Susana, coordinadores, *La Crisis del Petróleo en México*, Foro Consultivo Científico y Tecnológico, México, 2008, http://www.foroconsultivo.org.mx/libros_editados/petroleo.pdf

Global Footprint Network, Research and Standards Department (2008), Ecological Footprint Atlas 2008.

Gobierno de Navarra, "Huella ecológica y sostenibilidad", 2010. Extraído el 18 de junio de 2010, de http://www.cfnavarra.es/webgn/sou/instituc/c0/agenda/Huella/EcoSos.htm

Higueras, Ester, *Urbanismo bioclimático*, Barcelona, Gustavo Gili, 2006.

Leonard, Annie (2008). The story of stuff http://www.storyofstuff.com/

Programa de Ahorro Sistemático Integral (ASI), http://www.asib-cs.com

Programa de Hipotecas Verdes de Infonavit, http://portal.infonavit.org.mx

Rennie, John, Editor Letters, en Scientific American Earth 3.0, Special Issue, 2008, p. 2.

Rueda Palenzuela, Salvador, *Un nuevo urbanismo para una ciudad más sostenible*. Primer Encuentro de Redes de Desarrollo Sostenible y de Lucha contra el Cambio Climático, BCN Ecología, 2007. Extraído el 26 de septiembre de 2008, de http://www.bcnecologia.net/documentos/Un%20nuevo%20urbanismo%20para%20una%20ciudad%20mas%20sostenible.pdf

Rueda, Salvador, "Modelos de ordenación del territorio más sostenibles", 2003, en *Ciudades para un futuro más sostenible*, http://habitat.aq.upm.es/boletin/n32/asrue.html#11